Smalltalk

Reden Sie sich zum Erfolg

Caroline Krüll

So nutzen Sie dieses Buch

Die folgenden Elemente erleichtern Ihnen die Orientierung im Buch:

Beispiele

In diesem Buch finden Sie zahlreiche Beispiele, die die geschilderten Sachverhalte veranschaulichen.

Definitionen

Hier werden Begriffe kurz und prägnant erläutert.

> **!** Die Merkkästen enthalten Empfehlungen und hilfreiche Tipps.

Auf den Punkt gebracht

Am Ende jedes Kapitels finden Sie eine kurze Zusammenfassung des behandelten Themas.

Inhalt

Einleitung

Was ist eigentlich Smalltalk? Sind es die obligatorischen Floskeln über das Wetter, die wir mit neuen Kontakten austauschen? Oder handelt sich um einen Pausenfüller, mit dem wir die peinliche Stille im Fahrstuhl, im Taxi oder auf einer Cocktailparty überwinden? Nein – nichts von alldem. Smalltalk ist eine Kunst, die Ihnen den Umgang mit anderen erleichtert. Wenn Sie sie beherrschen, können Sie mehr Spaß beim Kauf von Briefmarken oder Zeitungen haben, sich aber auch neue berufliche Chancen erarbeiten.

Stellen Sie sich vor, dass Sie beim Sonntagsspaziergang zufällig auf Ihren Chef treffen – wie verhalten Sie sich? Tun Sie einfach so, als würden Sie ihn nicht sehen? Undenkbar! Greifen Sie stattdessen in Ihre Smalltalk-Schatzkiste und beginnen Sie ein kurzes, unverfängliches Gespräch. Doch wie stellen Sie das an, ohne gekünstelt zu klingen? Das erfahren Sie in diesem Buch! Es beleuchtet die psychologischen Hintergründe von Kommunikation und Smalltalk – und regt Sie zum Handeln an. Denn Smalltalk ist etwas Praktisches. Sie können Ihre Fertigkeiten immer und überall verfeinert und damit eine neue Qualität in Ihr Leben bringen. Genau dazu will ich Sie verführen.

Sie sind kein Smalltalker? Diese Kunst obliegt nur geborenen Sprachtalenten? Weit gefehlt. Jeder kann sich unterhalten. Spätestens im Freundeskreis kommt Ihnen ein kurzer Plausch wie selbstverständlich über die Lippen – und was mit vertrauten Menschen funktioniert, klappt auch mit fremden. In den folgenden Kapiteln erfahren Sie wie!

Ihre Caroline Krüll

Der Smalltalk-Test

Was tun, wenn der erste Schritt, der Smalltalk, schwer fällt? Überprüfen Sie sich selbst. Beginnen Sie mit Ihrer inneren Einstellung, dort liegt der Schlüssel zu jeder Verhaltensänderung. Nehmen Sie sich dazu etwas Zeit und führen Sie den folgenden Test durch:

Checkliste: Überprüfen Sie Ihre innere Einstellung	
Sie sind frisch auf einer Party angekommen und kennen niemanden. Im Moment stehen Sie noch in der Ecke und betrachten die Szene. Stellen Sie sich die folgenden Situationen vor.	
▶ Sie gehen jetzt auf den nächsten Tisch zu und stellen sich einfach nur dazu.	✓
▶ Am Buffet steht ein sympathisch aussehender Mann oder eine Frau und ist offensichtlich allein. Sie gesellen sich dazu und sprechen die Person an.	✓
▶ Direkt vor Ihnen diskutiert eine Gruppe ein Thema, mit dem Sie sich gut auskennen. Sie stellen sich dazu und mischen sich aktiv ins Gespräch ein.	✓
▶ In der Menge erkennen Sie eine Führungskraft aus Ihrem Unternehmen (oder einen potenziell wichtigen Kunden). Diese Person kennt Sie nicht persönlich. Sie gehen zu ihr, stellen sich vor, und teilen Ihrem Gegenüber eine Idee mit, die thematisch passt und die Sie schon seit Längerem einmal präsentieren wollten.	✓

Hand aufs Herz. Wie ging es Ihnen bei diesem Test? Bis zu welcher Stufe würden Sie mitgehen? Und wie fühlen Sie sich, wenn Sie an die jeweiligen Situationen denken?

▸ Wenn Sie alle vier Aufgaben ohne zu zögern angehen würden, dann kann ich Ihnen nur gratulieren. Sie brauchen sicherlich keine Nachhilfe zum Thema Smalltalk. Dennoch möchte ich Ihnen die weitere Lektüre sehr empfehlen, denn auch ein Profi lernt ja bekanntlich nie aus und es erwarten Sie zahlreiche Tipps, mit denen Sie Ihre Fertigkeiten noch perfektionieren können.

▸ Wenn Sie die ersten drei Aufgaben ohne innere Hemmungen bewältigen und nur beim wichtigen Kunden oder bei der Führungskraft zögern, sind Sie schon sehr weit. Die Grundlagen beherrschen Sie, jetzt gilt es, Ihre Fähigkeiten weiter auszubauen und zu verfeinern.

▸ Einen einzelnen Menschen anzusprechen, ist für Sie kein Problem. Aber bei der dritten und vierten Aufgabe fühlen Sie sich unwohl? Kein Problem. Auch Sie sind schon weiter als viele andere und brauchen sich keine Sorgen um Ihr Sozialleben zu machen.

▸ Sich zu einer Gruppe gesellen, können Sie sich noch vorstellen? Aber auf einen fremden Menschen zuzugehen bereitet Ihnen Unbehagen? Für Sie habe ich dieses Buch geschrieben – und Sie sind keinesfalls alleine.

▸ Kommen wir zur letzten Gruppe – zu den Menschen, die am liebsten in ihrer Ecke stehen, von keinem beachtet, sondern in Ruhe gelassen werden wollen und sich viel lieber in der Sicherheit der eigenen vier Wände aufhalten würden. Willkommen! Genau für Sie habe ich dieses Buch hauptsächlich geschrieben. Wenn Sie es gelesen haben, werden Sie andere mit Freude ansprechen, keine Sorge. Und: Sie sind keine Ausnahme – anderenfalls würde ich Ihnen gar kein eigenes Buch widmen.

Natürlich gibt es noch einen anderen Fall: Das ist der Mensch, der zielstrebig auf eine Gruppe anderer Menschen zugeht, dort sehr schnell das Gespräch übernimmt, steuert und die Themen bestimmt. Er oder sie wundert sich höchstens, dass die anderen Gesprächsteilnehmer nach und nach zum Buffet abwandern und den Rückweg nicht mehr finden. Auch Sie, lieber Partygast, werden hier viel Lesenswertes finden – damit die Zuhörer Ihren Ausführungen künftig auch wirklich gebannt folgen.

Warum Smalltalk?

Kommunikation als Ritual

Warum smalltalken wir eigentlich? Sicher nicht, um wirklich etwas über das Wetter zu erfahren oder ein neues Grillrezept kennen zu lernen. Smalltalk ist ein altes menschliches Ritual – ein Grundbedürfnis. Es hilft Ihnen, Ihr Gegenüber schneller einschätzen zu können. Früher, in der Steinzeit, war diese Fähigkeit überlebenswichtig. Die Menschen mussten innerhalb weniger Momente entscheiden, ob ihnen ein Unbekannter freundlich oder feindlich gesinnt ist. Doch diese Zeiten sind vorbei: Heute geht es beim Smalltalk nicht mehr um Leben und Tod. Aber unser Unterbewusstsein hat dieses Wissen noch immer gespeichert – und ist irritiert, wenn wir dieses Ritual überspringen.

Gleichzeitig können Sie sich mit einem kurzen Smalltalk besser auf Ihren Gesprächspartner einstellen. Denn bei jeder Kommunikation benötigen wir zunächst eine Aufwärmphase, um eine gemeinsame Wellenlänge mit unserem Gegenüber zu finden. Übergehen Sie diese Grundregel der Kommunikation, können sich in die Beziehung oder das folgende Gespräch leicht Störungen einschleichen. Die Folge: Sie reden aneinander vorbei. Nicht umsonst besagt ein deutsches Sprichwort so treffend: *„Du sollst nicht mit der Tür ins Haus fallen."*

Unterschiedliche Energielevel

Herr Müller hat einen Termin bei seinem wichtigsten Kunden, Herrn Schuster. Auf der Autobahn ist Stau. Er muss eine Umgehungsstraße suchen und trifft völlig abgehetzt erst eine Minute vor der vereinbarten Zeit bei seinem Kunden ein. Herr Schuster hingegen hatte bisher einen gemütlichen Tag. Bereits seit zwanzig Minuten wartet er auf Herrn Müller.

Wenn die beiden jetzt sofort über ihre Geschäftsvereinbarung sprechen würden, ginge das garantiert schief. Herr Müller kommuniziert auf 180, trifft aber bei Herrn Schuster auf einen Energiepegel von nur 20 Prozent. Um die notwendige gemeinsame Wellenlänge zu finden, schieben sie zunächst eine Smalltalk-Runde ein. Sie sprechen über die Anfahrt und fügen noch einige Sätze über ihren letzten Urlaub an.

Herr Müller wird allmählich ruhiger, sein Energieniveau pendelt sich auf mittlerem Niveau ein. Bei Herrn Schuster kommt der Kreislauf in Schwung, sein Energielevel erhöht sich und erreicht ebenfalls einen Mittelwert. Erst jetzt haben sich die beiden auf einander eingestellt, der geschäftliche Teil kann beginnen.

Die asiatischen Kulturen haben den Smalltalk perfektioniert. Erst wenn sich die Menschen dort wirklich ausgiebig kennen gelernt haben, machen sie ein Geschäft miteinander. Die Smalltalk-Phase dauert unter Umständen sogar mehrere Tage. Dafür sparen beispielsweise Japaner oder Koreaner die Zeit in späteren Abschnitten der Verhandlung wieder ein. Abschlüsse tätigen sie dann oft in einer für Europäer atemberaubend kurzen Zeit.

Natürlich ist Smalltalk nicht nur ein Ritual. Sie können die Smalltalk-Phase gezielt nutzen, um Ihr Thema oder sich selbst charmant und geschickt ins Gespräch zu bringen. Im Smalltalk geben Sie der späteren Verhandlung die richtige Richtung oder bereiten schwierige Gesprächsthemen unauffällig vor. Oder Sie benutzen Smalltalk, um eine Brücke zu unbekannten Menschen zu schlagen – auch wenn Sie dabei kein strategisches Ziel verfolgen, sondern einfach nur um einen Kontakt zu Ihrem Gegenüber aufzubauen. Geübte Verkäufer nutzen Smalltalk auch dazu, möglichst viel über die Wünsche ihrer Kunden zu erfahren. Wie das alles funktioniert, erfahren Sie in den folgenden Kapiteln.

Wo findet Smalltalk statt?

Smalltalken können Sie überall, wo Sie auf Menschen treffen. Sind beispielsweise neben Ihnen neue Mieter eingezogen, klingeln Sie, stellen Sie sich vor und legen in einem unverbindlichen Gespräch den Grundstein für eine gute nachbarschaftliche Beziehung. Im Kindergarten oder in der Schule entscheidet Ihr Smalltalk-Geschick vielleicht darüber, was die Erzieher oder Lehrer über Sie und damit auch über Ihr Kind denken. Und im Urlaub wohnt Ihre Ferienbekanntschaft vielleicht in London und lädt Sie nach einem netten Gespräch zu einem Wochenendbesuch ein.

Auch im geschäftlichen Bereich gibt es unzählige Smalltalk-Anlässe: das Firmenfest, die neue Kollegin, das Erstgespräch beim Kunden, die Dreißigsekundenfahrt im Fahrstuhl mit Ihrem Vorgesetzten. Überall können Sie Smalltalk einsetzen und mit einer geschickten Gesprächsführung vielleicht sogar einen Mehrwert für sich erzielen.

Smalltalk am Pool

*Ina und Peter aus Hamburg verbrachten mit Tochter Lisa
eine Urlaubswoche auf den Kanaren. Das tägliche Sonnen-
bad am Hotelpool langweilte sie schon bald und Ina sprach
auf gut Glück ein anderes Pärchen an, das sich gleich ne-
benan auf seinen Liegen räkelte. Mit der einfachen Frage:
„Wie lange sind Sie denn schon hier?", war schnell ein Einstieg gefunden und im nachfolgenden Gespräch stellten sie
weitere Gemeinsamkeiten fest. Daraus entstand eine nette
Urlaubsbekanntschaft, die in einer Einladung der drei nach
München gipfelte. Da die Hamburger schon immer mal in
den Süden wollten, folgten sie dem Angebot bereits zwei
Monate später und verbrachten einen unvergesslichen
Kurzurlaub in Bayern. Ohne Smalltalk hätten Sie dazu viel-
leicht nicht so schnell Gelegenheit gefunden.*

Smalltalk als Freizeitfaktor

Eventuell denken Sie jetzt: Wozu muss ich in meiner Freizeit smalltalken – vielleicht einmal abgesehen von neuen
Urlaubsbekanntschaften? Reicht es denn nicht, wenn ich
im Job mein Bestes gebe? Darf ich in meiner Freizeit nicht
einfach nur ausspannen? Nein, leider nicht. Denn wenn Sie
im privaten Bereich der absolute Smalltalk-Muffel sind,
wirken Sie beim unverfänglichen Gespräch im Job wahrscheinlich kaum anders.

Und noch ein weiterer Faktor ist hier entscheidend: Ihre
Freizeitaktivitäten sind hervorragend geeignet, Ihre Smalltalk-Fähigkeiten zu trainieren. Üben Sie mit dem Briefträ-
ger, an der Supermarktkasse oder an der Tankstelle.

Das Dönerlokal

Mein bevorzugtes Dönerlokal befindet sich mehrere Straßen von meiner Wohnung entfernt. Es ist also nicht der nächstgelegene Laden, dafür aber der freundlichste. Was ist passiert? Als ich dort zum ersten Mal ein Gericht bestellte, verwickelte mich der Inhaber sofort in ein nettes Gespräch: „Sind Sie neu hier? Wie gefällt Ihnen unser Viertel?" Ich ließ mich gerne darauf ein und verkürzte mir so die Wartezeit. Mein Gegenüber fand offensichtlich auch Gefallen an unserem Smalltalk. Mittlerweile bin ich Stammkundin in seinem Geschäft und bekomme meinen Döner bei jedem Restaurantbesuch automatisch in der richtigen Mischung an den Tisch serviert – trotz des sehr auffälligen Schildes „Selbstbedienung".

Wenn Sie regelmäßig smalltalken, werden Sie nach einiger Zeit Folgendes feststellen:

▸ Es fällt Ihnen leichter, mit anderen umzugehen. Sie werden lockerer und meistern auch schwierige Situationen.

▸ Sie verbessern Ihre Laune und die Ihrer Gesprächspartner. Probieren Sie es aus: Gehen Sie morgens in eine Bäckerei und beginnen Sie mit der Dame hinter dem Tresen ein nettes Gespräch. Anschließend wird sich auf Ihren Gesichtern ein freundliches Lächeln abzeichnen.

▸ Durch Ihre offene Art entsteht Ihnen der ein oder andere Vorteil: Stellen Sie sich zum Beispiel vor, Sie geraten in eine Verkehrskontrolle und möchten schnell weiterfahren. Wen wird der Polizist wohl ausführlicher kontrollieren? Den aggressiven oder zugeknöpften Autofahrer oder den, der ein charmantes Gespräch einleitet?

Mit Smalltalk können Sie folglich enorm viel beeinflussen.
Vielen Menschen sind die Möglichkeiten einer klugen und
gezielten Gesprächsführung jedoch überhaupt nicht bewusst.

Der Weihnachtsmann

*Zwei meiner Bekannten sind vor einiger Zeit nach Köln ge-
zogen. Der Umzug fand kurz vor Weihnachten statt, viele
Freunde hatten die beiden in ihrer Wahlheimat noch nicht.
Vor allem das bevorstehende Silvesterfest bereitete ihnen
etwas Kopfzerbrechen, denn sie wollten auf gar keinen Fall
allein feiern. Also schrieben sie einige Grußkarten, kauften
mehrere pausbäckige Weihnachtsmänner und gingen damit in der Reihenhaussiedlung von Haustür zu Haustür. Den
verdutzten Nachbarn begegneten sie mit dem Satz: „Wir
sind die neuen Mieter und möchten uns vorstellen. Da
Weihnachten ist, haben wir Ihnen gleich einen Nikolaus
mitgebracht." Die Reaktionen waren überwältigend: ein
Dutzend Mal Kaffee trinken, zwei Einladungen zur Silves-
terfeier und unzählige Tipps zu Einkaufsmöglichkeiten, den
besten Ärzten und vielem mehr. Ganz davon zu schweigen,
dass die Grillpartys im darauffolgenden Sommer auch immer gut besucht waren. Und das alles ausgelöst durch ein
bisschen Smalltalk.*

Smalltalk als Karrierefaktor

Eine zunehmend wichtigere Rolle spielt die Fähigkeit zum
Smalltalk und zur gezielten Kommunikation im Beruf. In
unserer Ausbildung, egal ob Lehre oder Universitätsstudi-
um, werden wir nur auf die Hard Skills, also die so genann-

ten harten Fähigkeiten trainiert, die durch Zeugnisse und Zertifikate belegbar sind. Doch schon bei der Bewerbung spielen auch die Soft Skills, die weichen Fähigkeiten, eine entscheidende Rolle auf dem Weg zum eigenen Karriereziel.

Gleiches gilt für das spätere Vorankommen im Job. Erfolgreich ist nicht der Mitarbeiter mit dem besseren Zeugnis, sondern der, der sich geschickter verkaufen kann, ein größeres Netzwerk aufgebaut hat oder erfolgreicher mit seinen Kunden verhandelt. Die Schlüsselfähigkeit hierzu liegt in einem guten Umgang mit den Menschen in Ihrem direkten Umfeld – und Smalltalk ist der erste Schritt dazu.

Der Topverkäufer

Vergangenes Jahr führte ich ein Kommunikationstraining durch. Im Vorfeld teilte mir der Auftraggeber mit, dass die Gruppe aus Innendienstmitarbeitern bestehe. Dazu gäbe es einen Topverkäufer, der aus einem anderen Projekt stamme. Namen erfuhr ich keine.

Kurz vor Seminarbeginn schlurften die Teilnehmer herein und suchten sich nach einem meist mürrischen Gruß ihren Platz. Nur ein Mitarbeiter war anders: Er kam strahlend auf mich zu, schüttelte mir die Hand und fragte, ob ich den Seminarraum problemlos gefunden hätte. Schnell waren wir beim letzten Urlaub gelandet und verstanden uns prächtig. Erst als das Training begann, beendeten wir das Gespräch. In der anschließenden Vorstellungsrunde stellte sich heraus, dass genau dieser Teilnehmer der Topverkäufer war. Richtig gewundert hat mich diese Tatsache nicht.

Die größten Smalltalk-Sünden

Nicht jeder Mensch ist ein angenehmer Gesprächspartner. Manche Kollegen haben sogar schnell den Ruf weg, dass sie dem Chef Honig um den Bart schmieren oder sich anbiedern. Genau das will gelungener Smalltalk vermeiden.

Mit Smalltalk bauen Sie eine Brücke zu Ihrem Gegenüber. Sie zeigen die positiven Seiten Ihrer Persönlichkeit und stellen Gemeinsamkeiten fest. Außerdem testen Sie, wie Sie mit dem Partner künftig umgehen können. Fangen Sie jedoch an, andere „unter den Tisch" zu reden oder von Ihren politischen Ansichten zu überzeugen, dann machen Sie etwas falsch. Die größten Sünden begehen Sie, wenn:

▶ Sie pausenlos reden und der andere zuhören muss,

▶ Sie über Themen sprechen, die den anderen nicht interessieren, zum Beispiel Ihre eigene Krankheitsgeschichte,

▶ Sie heikle oder Tabuthemen anreißen, zum Beispiel Politik, Religion oder extreme Meinungen,

▶ Sie über andere Personen lästern,

▶ Sie alle Zeichen ignorieren, das Gespräch zu beenden, oder es erst gar nicht zu beginnen.

Natürlich ist nicht immer der richtige Zeitpunkt für einen Smalltalk. Achten Sie auf die Reaktion Ihres Gegenübers und akzeptieren Sie, wenn es der falsche Moment für ein Gespräch ist. Vielleicht finden Sie bei Ihren Kollegen oder Bekannten auch heraus, dass deren Smalltalk-Kompetenz tageszeitabhängig ist: Lassen Sie einen Morgenmuffel am Vormittag besser in Ruhe – dafür taut er am Abend auf, wenn andere schon müde für einen Smalltalk sind.

Der Dauerredner

Die Jubiläumsfeier verlief bisher gut und alle amüsierten sich – doch dann erschien Herr Mayer. Einige der Anwesenden, die ihn bereits kannten, stöhnten auf und die Gastgeberin fragt sich verzweifelt, wie Herr Mayer von ihrer Party erfahren hat. Dieser aber registrierte ihren Unmut nicht, steuerte zielbewusst auf den Tisch mit den meisten Menschen zu und begann einen Monolog über den lokalen Fußballverein. Einer der Umstehenden wandte daraufhin ein: „Fußball interessiert mich nicht besonders. Wir sprachen doch gerade über den Bürgermeister …" Doch dieser Hinweis bringt Herrn Mayer nicht aus dem Konzept. Er fährt fort und erläutert eine Strategie zur Stärkung der Abwehr. Währenddessen verlassen zwei Gäste den Tisch, murmeln etwas von „… gehe nochmal ans Buffet …". Mayer fixiert die Verbliebenen und setzt erneut an: „Aber letztens, gegen München, haben die Jungs klasse gespielt. Wenn ich Trainer wäre …" Leider weiß ich nicht, wie es weitergeht, da ich ebenfalls dringend zum Buffet musste.

Auf den Punkt gebracht

▸ Smalltalk ist ein menschliches Ritual. Er stellt eine gemeinsame Ebene zwischen den Gesprächspartner her.

▸ Smalltalk kann überall stattfinden.

▸ Smalltalk ist der Einstieg für interessante oder nützliche Gespräche.

▸ Smalltalk kann im Job weiterhelfen oder die Karriere beflügeln.

Wo Sie durch Smalltalk profitieren

Berufliche Kontakte knüpfen

Netzwerktreffen

Derzeit finden in vielen großen und auch kleineren Städten Visitenkartenpartys, Netzwerktreffen und andere Business-Events statt. Ihr Ziel ist es, Menschen beruflich miteinander in Kontakt zu bringen. Solche Veranstaltungen laufen stets nach einem ähnlichen Schema ab: Ein Anbieter lädt ein, oft über ein Internetportal, und die Teilnehmer zahlen einen kleinen Eintrittsbeitrag, erhalten einen Begrüßungsdrink und treffen dann mit 50 oder 100 Unbekannten zusammen. Manchmal gibt es ein Rahmenprogramm, eine individuelle Vorstellungsrunde oder Kennlernspiele.

Sobald Sie den Raum betreten haben, beginnt Ihre große Stunde: 50 oder 100 Menschen warten nur darauf, mit Ihnen zu smalltalken. Daher sollte die Hemmschwelle für Sie entsprechend gering sein. Oder?

Die Gäste solcher Netzwerktreffen verhalten sich durchaus sehr unterschiedlich. Manche verziehen sich erst einmal still in eine Ecke, beobachten aus der Ferne oder bedienen sich in aller Ruhe am Buffet. Andere wollen den Kontakt, wissen aber nicht wie sie am besten ins Gespräch kommen. Sie stehen herum, versuchen sich da und dort dazuzustellen, bis die Kontaktaufnahme zufällig gelingt oder sie selbst angesprochen werden.

Nicht aber Sie! Für Sie ist das Event Arbeitszeit. Sie haben sich vorgenommen, fünf spannende Menschen zu treffen, die Sie beruflich weiterbringen. Doch wie erreichen Sie dieses Ziel? Sie müssen sich mit völlig Fremden unterhalten und herausfinden, ob diese Ihnen einen Mehrwert bieten können. Sprechen Sie die anderen also aktiv an. Verwickeln Sie die Veranstaltungsteilnehmer in ein Gespräch und finden Sie heraus, was Ihr Gegenüber macht und ob er Ihnen in irgendeiner Weise nützlich sein kann. Wenn Sie merken, dass Ihr Gesprächspartner für Sie im Moment uninteressant ist, beenden Sie die Konversation nach ein paar Minuten und suchen Sie nach weiteren Kontakten.

Die Ausstellungseröffnung

Eva ist neu in der Stadt. Beruflich will Sie Firmenjubiläen und andere Events für Geschäftsleute ausrichten. Dafür benötigt sie Kontakte, die sie sich aber erst noch aufbauen muss. Im Internet findet Sie den Hinweis auf eine öffentliche Vernissage in einem kleinen Hotel und besorgt sich eine Einladung. Am Ausstellungsabend ist sie pünktlich dort. In der Schlange am Empfang wird sie von einer etwa gleichaltrigen Frau angesprochen und in ein spannendes Gespräch verwickelt. Susanne, so heißt ihr neuer Kontakt.

Smalltalk auf Dinnerpartys und Empfängen

Wenn Sie beruflich zu einem Empfang eingeladen werden, ergeben sich für Sie verschiedene Ziele. Zunächst ist es wichtig, dass Sie einen guten Eindruck hinterlassen. Vielleicht kommen Sie ja zufällig mit der Frau Ihres Chefs ins Gespräch. Natürlich sollten Sie sich in einer solchen Situation von Ihrer besten Seite zeigen, damit es später nicht heißt: „Du Liebling, der Herr Müller ist ja ein seltsamer

Vogel. Willst du ihm wirklich das neue Projekt anvertrauen? Ich halte das für keine gute Idee." Das klingt übertrieben? Keineswegs! In eine derartige Falle tappt man viel schneller, als man denkt.

Noch viel diffiziler wird es, wenn Sie mit Ihrem Vorgesetzten selbst sprechen. Unter Umständen will Ihnen dieser sogar auf den Zahn fühlen, ohne dass Sie es wissen. Hierbei ist es besonders wichtig, die Kunst des Smalltalks zu beherrschen. Wenn Sie sich in einem solchem Moment als Langweiler oder Sprücheklopfer präsentieren, verpassen Sie vielleicht eine wichtige Chance auf dem Weg zu Ihrem nächsten beruflichen Ziel.

> **Vorsicht bei Smalltalk mit Vorgesetzten**
>
> Versuchen Sie, im lockeren Partygespräch mit Vorgesetzten lieber zuzuhören, statt zu viel zu sprechen. Übernehmen Sie dennoch einmal den aktiven Redepart, dann wägen Sie Ihre Worte ab – besonders wenn Sie nach Ihrer Meinung gefragt werden. Aus dem lockeren Smalltalk kann sonst nämlich leicht eine brenzlige Situation werden – natürlich auch mit allen Chancen, die darin stecken.

Auf beruflichen Veranstaltungen können Sie jedoch auch gezielt mit Unternehmensvertretern kommunizieren, die Sie schon immer kennen lernen wollten. Gehen Sie auch hier strategisch vor: Überlegen Sie, was Sie erreichen möchten, und setzen Sie es dann um, indem Sie Ihre Wunschpersonen ansprechen und die Unterhaltung nach der Einleitung in die gewünschte Richtung lenken.

Smalltalk beim Kunden

Smalltalk beim Kunden ist ein kritisches Thema. Er hat Ihr Unternehmen aus fachlichen Gründen beauftragt, alle Verträge wurden von Dritten ausgehandelt und Ihnen obliegt nun die Aufgabe, den Auftrag auszuführen. Doch was passiert, wenn die Chemie zwischen Ihnen nicht stimmt? Dann wird es kritisch! Daher gilt: Der erste Moment zählt. Sind Sie ein guter Smalltalker, dann brechen Sie das Eis und öffnen alle Türen. Auf dem Weg dahin helfen folgende Tipps:

▸ Zeigen Sie sich interessiert.

▸ Überlassen Sie erst einmal dem anderen das Reden.

▸ Sprechen Sie keine Tabuthemen an, weder aus dem fremden noch aus dem eigenen Unternehmen.

▸ Lassen Sie sich nicht aushorchen, blieben Sie korrekt.

▸ Lenken Sie das Gespräch nach einer angemessenen Smalltalk-Phase zielstrebig auf das eigentliche Thema.

Auf den Punkt gebracht

▸ Smalltalk ist eine Schlüsselfähigkeit, um berufliche Kontakte zu knüpfen.

▸ Netzwerkveranstaltungen sind ein guter Treffpunkt für mögliche Geschäftspartner, aber auch auf beruflichen Events treffen Sie wichtige Leute. Ihre Smalltalk-Fähigkeiten sind hier besonders gefragt.

▸ Auch beim Kunden sollten Sie gut smalltalken können. Damit wärmen Sie den Kontakt vor und sorgen für eine positive Atmosphäre.

Smalltalk in der Freizeit

Auch im privaten Bereich smalltalken Sie nicht einfach so. Meist verfolgen Sie ein bestimmtes Ziel: Sie möchten die neuen Nachbarn kennen lernen und veranstalten eine Grillparty. Oder Sie gehen zu einer Geburtstagsfeier und haben keine Lust, die ganze Zeit allein in der Ecke herumzustehen. Vielmehr suchen Sie spannende Menschen und anregende Gespräche. Oder Sie bauen sich ein soziales Netzwerk auf, weil Sie nette Leute suchen, mit denen Sie mal ein Glas Bier oder Wein trinken können. Auch für solche Situationen möchte ich Ihnen einige Anregungen mit auf den Weg geben.

Die Grillparty

Achten Sie bei privaten Festen vor allem darauf, keine Tabuthemen anzuschneiden. Mit Ihren Nachbarn wohnen Sie noch lange zusammen – es wäre schade, wenn Sie Ihre Beziehung gleich am ersten Abend wegen einer sinnlosen Diskussion über Politik oder Religion verderben würden. Stellen Sie viele Fragen und erzählen Sie lustige Geschichten aus Ihrem Leben, halten Sie sich jedoch mit kritischen Themen beim Erstkontakt zurück. Berichten Sie stattdessen von Ihrem Job, Ihren Kindern, dem letzten Urlaub oder tauschen Sie sich über die Möglichkeiten der Haus- bzw. Gartengestaltung aus.

Wenn Sie Ihre Nachbarn besser kennen, können Sie mit der Zeit natürlich auch tiefer gehende Themen anschneiden. Bis dahin werden Sie sicherlich schon gut einschätzen können, welche Bereiche Sie lieber aussparen sollten.

Smalltalk in der Bahn

Wenn Sie häufig mit öffentlichen Verkehrsmitteln unterwegs sind, sind Sie dort immer von vielen gesprächsbereiten Menschen umgeben. Im Zug, im Flugzeug oder in der S-Bahn ergeben sich häufig gute Möglichkeiten für nette Gespräche. Der Vorteil liegt auf der Hand: Die Zeit vergeht schneller, Sie erfahren interessante Neuigkeiten oder gewinnen sogar einen Bekannten hinzu.

Allerdings gelten beim Smalltalk auf Reisen auch einige Besonderheiten: Nicht jeder ist unterwegs unbedingt an einer Konversation interessiert. Gerade Fernzüge verwandeln sich sehr schnell in Schlafsäle oder fahrende Büros, wo die Menschen tief in ihrem Sitz versinken oder sich hinter einem Laptop verstecken. Auch dieses Buch ist zu Teilen im Zug entstanden, wodurch mir sicher die eine oder andere Smalltalk-Chance entgangen ist.

Aber dennoch finden Sie immer wieder auch Menschen, die Lust auf ein Gespräch haben. Ergreifen Sie diese Gelegenheiten, lassen Sie sich darauf ein, denn durch völlig unbekannte Menschen erfahren Sie manchmal auch unbekannte Geschichten.

Wie sprechen Sie denn nun aber Ihre Mitreisenden im Zug oder Flugzeug an? Am Anfang steht der Augenkontakt. Schauen Sie den Gesprächspartner Ihrer Wahl an – häufig liegt im ersten Blick schon eine deutliche Aufforderung zur Kontaktaufnahme. Nutzen Sie diese Chance, denn jede spätere Annäherung ist deutlich schwerer.

Der erste Satz sollte unverbindlich sein. Verbinden Sie ihn zum Beispiel mit Ihrem gemeinsamen Thema „Reisen":

▸ Dieser Zug ist ja heute ziemlich voll.

▸ Möchten Sie lieber den Fensterplatz?

▸ Wohin fahren Sie?

▸ Sind Sie beruflich unterwegs?

Sie können alles fragen, Hauptsache Sie starten das Gespräch. In den nächsten Schritten tasten Sie sich vor, testen verschiedenen Themen aus und versuchen vor allem zu ergründen, ob Ihr Gesprächspartner überhaupt Lust auf Smalltalk hat. Wenn dessen Antworten sehr einsilbig ausfallen und Ihr Gegenüber überhaupt keine Gegenfragen stellt, hält sich dessen Konversationslust wahrscheinlich eher in Grenzen. Wenn er jedoch auf Ihre Themen einsteigt oder interessiert nachhakt, wird sich sicherlich ein längeres Gespräch ergeben.

Auf den Punkt gebracht

▸ Im privaten Rahmen wird sehr viel gesmalltalkt.

▸ Beim Gespräch mit den Nachbarn ist Takt gefragt. Schließlich wohnen Sie in der Regel noch mehrere Jahre nebeneinander.

▸ Auch öffentliche Verkehrsmittel eignen sich hervorragend, um mit anderen Menschen ins Gespräch zu kommen.

▸ Beim Smalltalk mit unbekannten Menschen können Sie viel Wissenswertes erfahren.

Der erste Schritt zum Smalltalker

Das ist ja alles schön und gut, werden Sie denken. Smalltalk ist sicher eine nützliche Sache. Doch was hat das mit mir zu tun? Und vor allem, wie soll ich diese Fähigkeit je erlernen?

Die Schüchterne

Messen und Kongresse sind für Selbstständige und Unternehmer ein guter Platz, um Kontakte zu knüpfen und spannende Menschen kennen zu lernen. Aus diesen Grund gehe ich sehr gern dorthin. Letztlich fragte mich eine Bekannte, auch selbstständig, etwas verschämt, wie das denn auf solchen Veranstaltungen sei. Sie war schon dort, stand immer in der Ecke herum und sei nie mit jemandem ins Gespräch gekommen. Ich erwiderte: „Dann sprich doch einfach mal ein paar Leute an." Sie schaute mich verstört an und meinte: „Wie, fremde Menschen ansprechen, das geht doch überhaupt nicht!"

Ein bedauernswerter Einzelfall? Keineswegs! Viel mehr Menschen, als man auf den ersten Blick vermuten würde, scheuen sich, aktiv den Kontakt zu anderen aufzunehmen. Die Gründe sind vielfältig:

▸ Erziehung und gesellschaftliche Konventionen,

▸ schlechte Erfahrungen in der Vergangenheit,

▸ Schüchternheit oder

▸ Angst, sich zu blamieren,

sind nur einige davon.

Die eigene Einstellung zum Smalltalk

Ich bin jedoch fest davon überzeugt, dass jeder Mensch in seinem tiefsten Inneren gern mehr Kontakte zu anderen hätte. Von Natur aus sind wir soziale Wesen. Wir brauchen den Rückhalt in der Gruppe, die Selbstbestätigung durch andere Menschen. Die zunehmende Vereinsamung unserer Gesellschaft ist daher bestimmt kein natürlicher Zustand, aber sie muss auch nicht sein. Jeder verfügt (insgeheim) über die Fähigkeit und auch ein großes Interesse, zu anderen Menschen eine Beziehung aufzubauen.

Die Fähigkeit zum Smalltalk wird in erster Linie von der Einstellung zu diesem Thema bestimmt. Zwei Aspekte entscheiden darüber, ob Sie ein lockerer Plauderer werden oder lieber schweigend auf Dinnerpartys und im ICE verharren:

▸ Sie müssen motiviert sein zu smalltalken.

▸ Innere Blockaden und falsche Glaubenssätze hemmen Sie im Umgang mit anderen bzw. neuen Menschen.

Die Motivation

Für alles, was Sie tun, benötigen Sie ein Motiv. Wenn Sie keinen Grund sehen, mit anderen Menschen zu reden, werden Sie dies auch nicht tun. Die Motivation beginnt schon mit der inneren Prägung. So gibt es Menschen, die sehr kommunikativ sind und die ein Alleinsein überhaupt nicht ertragen. Diese Menschen werden aus diesem Motiv heraus jeden anderen Menschen in ihrer Umgebung sofort ansprechen, nicht immer zur Freude der so Beteiligten.

Andere Menschen betrachten Kommunikation als ein notwendiges Übel. Wenn Sie sich schon austauschen müssen, dann nur über Fakten. Der Sinn von Smalltalk ist ihnen daher völlig fremd: „Vorgeplänkel" betrachten sie als Zeitverschwendung. Treffen sich zwei solche Menschen, folgt nach einer knappen Begrüßung sofort die Diskussion ihres Problems. Bei der Suche nach einer Lösung gehen Sie völlig auf, andere Themen existieren für sie nicht.

Doch was passiert, wenn dieselben Personen auf einen kommunikativen, kreativen Gesprächspartner treffen, den technische Fakten überhaupt nicht interessieren? Sie reden zwangsläufig aneinander vorbei: Der Faktenfokussierte übergeht die Aufwärmphase einfach – er braucht sie vielleicht auch gar nicht, sondern möchte sich ohne Umschweife über Inhalte austauschen. Dem Kommunikativen ist vor allem daran gelegen, sein Gegenüber bei einem unverfänglichen Smalltalk näher kennen zu lernen – erst dann kann er sich auf die tatsächlichen Informationen einlassen.

Aus der Darstellung dieser beiden Extreme wird deutlich, dass Sie zunächst den Sinn von Smalltalk verinnerlichen müssen. Das ist die Grundvoraussetzung, um sich mit dem Thema auseinanderzusetzen. Daher sollten Sie – quasi als Vorarbeit – überlegen, bei welchen Gelegenheiten Smalltalk für Sie wichtig ist. Mögliche Motive können sein:

▸ mehr Spaß auf Partys oder auf Reisen zu haben,

▸ einen Bekanntenkreis aufzubauen,

▸ Informationen von anderen Menschen zu erhalten,

▸ berufliche Vorteile zu erlangen,

▶ Projekte voranzubringen, indem Sie Kollegen und Geschäftspartner auch einmal persönlich kennen lernen,

▶ Geschäftspartner oder Kunden zu finden.

Nehmen Sie sich Ihr individuelles Ziel fest vor, wenn Sie das
nächste Mal Kontaktpflege betreiben möchten. Denken Sie
zum Beispiel: „Auf dem heutigen Betriebsfest will ich endlich erfahren, wie man es in unserem Unternehmen anstel-
len muss, um nach London geschickt zu werden." Mit
einem solch konkreten Vorsatz wird Ihnen der Smalltalk
wesentlich leichter fallen.

Auf den Punkt gebracht

▶ Smalltalken kann jeder lernen.

▶ Viele Menschen sind durch Erziehung, Konvention
  oder schlechte Erfahrungen gehemmt, fremde Menschen anzusprechen.

▶ Manche betrachten Smalltalk als ein notwendiges
  Übel, ohne den tatsächlichen Sinn dieser unverbindlichen Konversation zu verstehen.

▶ Sie sollten sich zuerst mit Ihrer innere Einstellung zum
  Smalltalk auseinandersetzen. Solche Vorüberlegungen
  erleichtern es Ihnen, auf fremde Menschen zuzugehen.

▶ Sie benötigen ein Motiv, um zu smalltalken.

▶ Die Motivation zum Smalltalk kann sowohl im beruflichen als auch im privaten Bereich zu finden sein.

Blockaden aus dem Weg räumen

Doch selbst mit den besten Vorsätzen klappt der Smalltalk nicht immer auf Anhieb. Irgendetwas in Ihnen sträubt sich völlig dagegen, offen auf andere zuzugehen. Warum?

Unser Handeln wird von zahlreichen störenden Glaubenssätzen und Blockaden geprägt. Vielleicht haben Ihnen Ihre Eltern früher verinnerlicht, dass man fremde Männer nicht ansprechen dürfe. Als brave Tochter haben Sie diesem Rat natürlich Folge geleistet – seit Sie erwachsen sind, ist er jedoch vergessen. Weit gefehlt! Ihr Unterbewusstsein erinnert sich noch immer an diese Verhaltensregel. Die Folge: Jedes Mal, wenn Sie einen sympathischen Mann im Café sitzen sehen und allen Mut zusammennehmen, um locker auf ihn zuzugehen, meldet sich tief in Ihrem Inneren Ihre Mutter zu Wort und schüttelt warnend den Kopf – ohne dass Ihnen dieser Prozess tatsächlich bewusst wird. Sie registrieren „lediglich" ein Gefühl der Demotivation.

Blockaden können sogar noch viel weit reichendere Konsequenzen haben, vor allem wenn sie auf negative Erfahrungen zurückgehen – zum Beispiel ein abwertendes oder Angst einflößendes Erlebnis in Ihrer Jugend.

Peinlicher Musikunterricht

Möglicherweise haben Sie sich vor der ganzen Klasse blamiert, weil Sie ein Lied singen mussten. Auch wenn Sie sich längst nicht mehr daran erinnern: Ihr Unterbewusstsein ist unerbittlich. Es speichert alle Vorkommnisse und tischt Sie Ihnen im falschen Moment wieder auf. Aus Ihrem missglückten Auftritt haben Sie vielleicht gelernt, dass es besser ist, sich nicht vor anderen zu exponieren. Weitere ähnliche

Negativerlebnisse bestätigen Sie in dieser Haltung und in der Konsequenz haben Sie heute Schwierigkeiten, auf andere zuzugehen. Solche Mechanismen sind kein Einzelfall, sie kommen viel häufiger vor, als man denkt.

Doch wie gehen Sie am besten mit einem negativen Glaubenssatz oder einer Blockade um? Hierzu möchte ich Ihnen die folgende Übung empfehlen:

Übung: Blockaden auflösen	
▶ Machen Sie sich Ihren Glaubenssatz oder Ihre Blockade bewusst. Fragen Sie sich gezielt, warum Sie in bestimmten Situationen zurückschrecken. Eventuell hilft auch ein Gespräch mit einer Vertrauensperson.	✓
▶ Schreiben Sie den negativen Glaubenssatz oder die Blockade auf.	✓
▶ Fragen Sie sich, ob Sie diese Verhaltensregel weiterhin benötigen und ob es wirklich Ihr eigener Glaubenssatz ist oder der einer anderen Person.	✓
▶ Wenn sich herausstellt, dass der Glaubenssatz überflüssig ist, lösen Sie ihn durch eine neue Verhaltensregel ab. Formulieren Sie diese positiv und aktiv, zum Beispiel: „Ich darf fremde Männer ansprechen!" Bei einer Blockade stellen Sie sich Ihr gewünschtes Handeln vor und schreiben es auf.	✓
▶ Verinnerlichen Sie Ihren neuen Glaubenssatz. Sprechen Sie ihn mehrfach laut aus, hängen Sie ihn über den Spiegel im Bad oder verwenden Sie ihn als Bildschirmschoner.	✓
▶ Setzen Sie Ihre neue Regel sobald wie möglich in die Tat um. Auch wenn Sie anfangs noch unsicher sind, wird Ihr Selbstvertrauen schnell wachsen.	✓

Mit diesem einfachen Verfahren können Sie Ihr Verhalten maßgeblich beeinflussen. Alles Weitere ist dann „nur noch" eine Frage der Übung. Kleine Alltagsprobleme und -hürden bekommen Sie so auf jeden Fall in den Griff. Probieren Sie es aus!

Selbstsicherheit steigern

Übung macht bekanntlich den Meister. Das gilt auch für den Smalltalk. Wenn Sie ein lohnendes Motiv gefunden haben, Ihre störenden Glaubenssätze über Bord werfen und vielleicht gleich noch ein paar unnötige Blockaden aus dem Weg räumen konnten, ist der Weg frei für Ihre Smalltalker-Karriere. Also: Lassen Sie Taten folgen – ran an die Gespräche!

Sie sollten künftig jede Gelegenheit ergreifen und zum Üben nutzen. Sprechen Sie so oft wie möglich einen anderen (fremden) Menschen an und beginnen Sie kleine Gespräche. Auch wenn Sie nicht von sich und Ihrem Smalltalk-Geschick überzeugt sind, empfehle ich Ihnen: Trauen Sie sich trotzdem!

Betrachten Sie die kleinen Gespräche mit der Verkäuferin, dem Postboten oder Ihrem Sitznachbarn im ICE als Ihr persönliches Trainingsprogramm. Wenn Sie einen Marathon planen, starten Sie schließlich auch erst einmal mit einer halben Stunde Jogging pro Tag und steigern Ihr Pensum nur langsam. Und wenn Sie ein geübter und beliebter Smalltalker werden möchten, dann starten Sie mit einem neuen Gesprächspartner täglich.

Übung: Locker werden im Smalltalk	
Führen Sie jeden Tag mindestens ein Gespräch mit einer unbekannten Person. Setzen Sie sich dabei das Ziel, etwas über den anderen herauszufinden. Was interessiert ihn, wo arbeitet er, wie sieht er die Welt? Gelegenheiten gibt es viele!	
▸ An der Tankstelle: Erkundigen Sie sich bei Ihrem nächsten Tankstopp beim Kassierer, wie er mit Beschwerden über die Benzinpreise umgeht.	✓
▸ In der S-Bahn: Fragen Sie Ihren Sitznachbarn, ob er diese Strecke täglich fährt oder wohin er unterwegs ist.	✓
▸ In der Bäckerei, im Postamt, in der Kantine etc.: Sprechen Sie mit anderen über das Wetter, die neuesten Sportergebnisse oder Ihre Freizeitaktivitäten.	✓

Was passiert, wenn Sie dieses Programm absolvieren? Wie im Sport Ihren Körper, trainieren Sie mit dieser Übung Ihr Selbstbewusstsein.

Jedes gute Gespräch bringt Sie voran. Ihre alten, störenden Glaubenssätze werden kleiner und kleiner, die Blockaden verschwinden. Sie selbst fühlen sich freier und unabhängiger von früheren Einflüssen, die meist noch nicht einmal Ihre eigenen sind.

Im Laufe der Zeit entscheiden nur noch Sie selbst, was Sie tun und mit wem Sie reden – ohne dass Ihre Mutter, Ihr Vater oder Ihre ehemaligen Lehrer ein Mitspracherecht haben. Sie sprechen an, wen Sie wollen, flirten, mit wem Sie möchten, und holen sich die Kunden und Geschäftskontakte, die Sie benötigen. Genau so funktionieren Veränderungsprozesse.

Gestalten Sie Ihre Realität

Sie selbst entscheiden darüber, wie erfolgreich Sie small-talken, fremde Menschen ansprechen und Dinge einfordern. Wir neigen zwar gern dazu, anderen die Schuld für unser Versagen zu geben: Der Abend war schlecht, es waren die falschen Leute da, die Party entsprach nicht meinem Geschmack. Weit gefehlt! Sie entscheiden, ob die Party gut ist, und Sie bestimmen, ob Sie mit den Anwesenden in Kontakt kommen oder nicht.

Wenn Sie beschließen, dass Sie auf einer Veranstaltung nichts verloren haben, ist das Ihre Entscheidung – und sie wird ein gutes Gefühl hinterlassen, wenn Sie wirklich dahinter stehen. Verbringen Sie hingegen den ganzen Abend allein in einer Ecke, weil Sie sich nicht trauen aktiv zu werden, fühlen Sie sich anschließend demotiviert. Vielleicht können Sie Ihrer besten Freundin noch weißmachen, dass das Fest ein Misserfolg war und Sie sich deshalb den ganzen Abend gelangweilt haben. Aber Ihr eigenes Bewusstsein nimmt Ihnen diese Behauptung nicht ab.

Auf den Punkt gebracht

▸ Häufig sind wir durch negative oder frustrierende Erlebnisse in der Vergangenheit gehemmt.

▸ Finden Sie heraus, welche inneren Blockaden Sie behindern, und lösen Sie sie auf.

▸ Üben Sie! Das steigert Ihr Selbstbewusstsein. Wenn Sie jeden Tag einen Smalltalk führen, fällt Ihnen der Umgang mit fremden Menschen zunehmend leichter.

Wie funktioniert Kommunikation?

Wenn sich zwei oder mehr Menschen unterhalten, findet zwischen ihnen ein komplexer Vorgang statt – ohne dass wir auf den ersten Blick mehr davon mitbekommen als die gesprochenen Worte. Kommunikation ist ein Austauschprozess. Wir stehen oder sitzen uns gegenüber und sprechen miteinander. Das klingt zunächst ganz einfach: Wenn ich „A" sage, müsste der andere doch auch „A" verstehen – und alles wäre in Ordnung. Doch häufig kommt die Botschaft beim Gegenüber nicht korrekt an. Statt „A" versteht er „B".

Worin sind die vielen Störungen, Missverständnisse und Fehler im Kommunikationsprozess begründet, die wir tagtäglich erleben?

Die Beziehungsebene

Wir kommunizieren keinesfalls nur über Worte oder Sachinhalte. Vielmehr senden wir in einem Gespräch zahlreiche zusätzliche Signale an unser Gegenüber. Diese Zeichen überwiegen die gesprochenen Informationen bei Weitem.

Da sich die meisten Menschen dessen kaum bewusst sind, sondern sich im Gespräch fast nur auf den Inhalt konzentrieren, überlassen sie ihre Hauptwirkung auf den Gesprächspartner unabsichtlich dem Zufall. Sie transportieren mit ihren Aussagen zahlreiche Gefühle und teilen ihrem Gegenüber so wesentlich mehr mit, als ihnen vielleicht bewusst ist.

> Kommunikationsforscher gehen davon aus, dass wir nur sieben Prozent aller Informationen in einem Gespräch oder bei einem Vortrag über den Inhalt senden. Die übrigen 93 Prozent der ausgetauschten Informationen bestehen aus körpersprachlichen und anderen Signalen, die wir auf der Beziehungsebene vermitteln. Diese nehmen wir zwar meist nur unbewusst wahr, sie bestimmen jedoch trotzdem maßgeblich unser Bild der anderen Person.

Wie Sie diesen Aspekt der Kommunikation kontrollieren und beeinflussen können, erfahren Sie im Kapitel „Körpersprache".

Der eigene Zustand

Die Art, wie wir kommunizieren, hängt entscheidend mit unserem inneren Zustand zusammen. Fühlt sich ein Mensch stark, gut und optimistisch, wird er völlig anders auftreten als jemand, der sich gerade schwach oder schlecht fühlt und die Welt durch eine pessimistische Brille wahrnimmt. Diese Emotionen übermitteln wir bei der Kommunikation durch viele körpersprachliche Signale, für die unser Gegenüber sehr feine Antennen besitzt.

Für einen Bewerber ist es zum Beispiel fatal, wenn er innerlich nicht davon überzeugt ist, dem neuen Job gewachsen zu sein. Im Vorstellungsgespräch wird er unbewusst die nötige Überzeugungskraft vermissen lassen, der Personalchef spürt die Unsicherheit und entscheidet sich im Zweifel gegen den Kandidaten.

Genauso ergeht es Ihnen, wenn Sie einen schlechten Tag haben und im Smalltalk glänzen möchten. Unternehmen Sie in dieser Situation nichts gegen Ihre Stimmungslage, wird die Konversation nicht funktionieren. Ihre Gesprächspartner lehnen sie unbewusst ab und werden Sie schon bald wieder alleine stehen lassen. Das erhöht Ihren Frust, der Tag wird noch schlechter – ein Teufelskreis ist im Gange.

Was sind eigentlich Soft Skills?

Mit Soft Skills, den „weichen" Fähigkeiten, sind die sozialen und kommunikativen Fertigkeiten einer Person gemeint. Daher werden sie manchmal auch mit „sozialer Kompetenz" übersetzt. Typische Soft Skills sind beispielsweise eine gute Kommunikationsfähigkeit, Führungsstärke oder Konfliktlösungskompetenz. Im Unterschied zu den Hard Skills, wie dem Beherrschen einer bestimmten Software oder dem erfolgreichen Abschluss zum Theaterwissenschaftler, lassen sich Soft Skills kaum messen und sind daher nicht durch Prüfungen und Diplome belegbar. Doch genau von ihnen hängt oft der Erfolg im Job ab. Daher geben sich Unternehmen zunehmend Mühe, im Bewerbungsprozess die Soft Skills ihrer Bewerber festzustellen, zum Beispiel in Assessment-Verfahren.

Jeder Mensch erwirbt in der Jugend und Ausbildung bestimmte Soft Skills, Eignungen für spezielle Situationen und Aufgaben. Für den späteren beruflichen Erfolg ist es wichtig, die eigenen Stärken zu kennen und gezielt einzusetzen. Genauso wichtig ist es, fehlende „Skills", zum Beispiel in Seminaren, zu erwerben und damit die eigene Kompetenz gezielt zu erweitern. Die Fähigkeit zum Smalltalk wäre ein typischer Soft Skill.

Missverständnisse

Nach der Körpersprache und der Bedeutung des eigenen inneren Zustandes lauert die dritte große Kommunikationsfalle in den vielen Störungen und Missverständnisse, die es bei der Übermittlung von sprachlichen Botschaften gibt.

Ein Wort gibt das andere

Wenn Sie zu Ihrem Ehepartner sagen: „Schatz, die Küche sieht heute schlimm aus …", kann diesem Satz ein handfester Streit folgen. Dabei ist das Faktum als solches vielleicht unbestritten.

Was passiert jedoch? Jeder Mensch interpretiert in die Aussage eines anderen zahlreiche weitere Bedeutungen hinein. So hört Ihr Lebensgefährte vielleicht zusätzlich die nicht gesagten Worte heraus: „… und ich bin völlig unzufrieden mit dir, weil du nie aufräumst." Das empfindet er als Kränkung und setzt zur Gegenwehr an.

Oder er vermutet dahinter die Aufforderung: „Räum sofort die Küche auf!" Da sie bzw. er aber einen stressigen Tag hatte und keine Lust zum Saubermachen verspürt, entsteht ebenfalls ein Konflikt.

Ihr Partner könnte aber auch denken: „Der Nörgler, immer meckert er. Dabei ist er selbst nicht der Ordentlichste." Auch hier ist eine Abwehrreaktion vorprogrammiert.

Die unterschiedlichen Interpretationen von vermeintlich eindeutigen Aussagen stellen die häufigste Ursache für Kommunikationsstörungen, Konflikte und handfeste Streitigkeiten dar – auch wenn sie natürlich nicht die einzigen Auslöser für Missverständnisse sind.

Wie kann sich das nun beim Smalltalk auswirken? Worauf müssen Sie achten?

Das falsch verstandene Kompliment

Stellen Sie sich vor, dass Sie einen unbekannten Menschen auf einem Netzwerktreffen mit den folgenden Worten begrüßen: „Sie sehen ja ganz anders aus als auf Ihrem Foto im Internet."

Zunächst empfinden Sie diesen Satz vielleicht als sehr gelungenen Einstieg und verbinden damit sogar ein Lob, welches Sie aber – leider – nicht explizit formuliert haben. Ihr Gegenüber ist jedoch auf einmal völlig verunsichert. Er denkt: „Was meint er nur mit meinem Foto? Was stimmt daran nicht? Ist mit meiner Frisur vielleicht etwas nicht in Ordnung?"

Das war es dann mit dem Gespräch. Ihr Gegenüber ist abgelenkt, er konzentriert sich auf sein vermeintliches Problem und hört Ihnen vielleicht gar nicht mehr zu.

Neben diesen offensichtlichen Kommunikationsstörungen gibt es viele weitere Stolpersteine im Gespräch. Daher mein Tipp: Sagen Sie alles so deutlich wie möglich und lassen Sie dem anderen wenig Raum für Interpretationen. Wenn Sie merken, dass Sie ungewollt in ein Fettnäpfchen getreten sind, ergreifen Sie die Initiative und stellen Sie das Missverständnis richtig.

Wenn Sie dem Streit um die Aufräumarbeiten in der Küche zuvorkommen möchten, wäre zum Beispiel die folgende Ergänzung denkbar. „Schatz, die Küche sieht heute ja schlimm aus. Komm, wir räumen Sie schnell zusammen auf."

In- und Outgroup

Wir unterteilen unsere Mitmenschen stets in die so genannte „Ingroup", auch als Eigengruppe bezeichnet, und
die „Outgroup", die Fremdgruppe. Die Ingroup umfasst
alle Menschen, die Ihr persönliches Umfeld bilden und mit
denen Sie sich verbunden fühlen, während die Outgroup
die Fremden und nicht Zugehörigen repräsentiert.

Wer gehört zu Ihrer Ingroup?

▶ *Bei einem Familienfest ist die Familie die Ingroup, die
Leute vom Nachbartisch sind die Outgroup.*

▶ *Beim Grillfest bilden die eigenen Gäste die Ingroup, die
Nachbarn mit der Kaffeetafel die Outgroup.*

▶ *Beim Stehempfang ist Ihre Tischgemeinschaft die
Ingroup, der Mensch, der sich unauffällig an Ihren Tisch
schmuggeln will, die Outgroup.*

Ingroups entwickeln sehr schnell ein starkes Wir-Gefühl
und grenzen Fremde erst einmal aus. Manchmal entsteht
sogar ein starkes Konkurrenzverhalten gegenüber der
nächsten Outgroup.

Die Dorfgemeinschaft als eingeschworene Ingroup

*Wenn Sie von einer großen Stadt in ein kleines Dorf auf
dem Land ziehen, können Sie dieses Phänomen hautnah
erleben. Dort dauert es mitunter Jahre, bis Sie von der dörf-
lichen Ingroup akzeptiert werden. Ihre ersten Kontakte
schließen Sie daher meist mit anderen Mitgliedern der
Outgroup, also später Hinzugezogenen oder anderen
„Fremden".*

Welche Rolle spielen In- und Outgroups nun beim Smalltalken? Hier gibt es mehrere Möglichkeiten:

▸ Wenn Sie auf eine Veranstaltung gehen, auf der sich die Teilnehmer nicht kennen, gibt es auch keine Ingroups. Diese formieren sich jedoch recht schnell. Anfangs ist es daher noch einfach, mit neuen Menschen ins Gespräch zu kommen. Im Verlaufe des Abends bilden sich jedoch immer deutlicher kleine Grüppchen heraus, die als Ingroups funktionieren. Folglich wird es zunehmend schwieriger, einen Zutritt zu finden. Aber natürlich ist die Kontaktaufnahme bei solchen Anlässen dennoch vergleichsweise einfach, weil die Ingroups nicht sehr stabil sind und sich noch permanent verändern.

▸ Anders sieht es aus, wenn Sie als Einzelperson zu einer bereits bestehenden Gruppe hinzustoßen. Das ist zum Beispiel der Fall, wenn Sie zu einem Geburtstag eingeladen werden, bei der jeder jeden kennt und nur Sie der Neue, die Outgroup, sind. Hier hängt es ganz von Ihrem Entree ab, ob und wie Sie akzeptiert werden. Wenn die Gastgeberin Sie offiziell vorstellt, haben Sie es leicht: Die Übrigen interessieren sich für Sie und Sie haben die Möglichkeit, sich einzubringen. Nach kurzer Zeit sind Sie akzeptiert. Haben Sie jedoch keinen solchen Start, zum Beispiel weil Sie den Gastgeber nicht kennen, wird es schwieriger. Jetzt sind Sie völlig auf sich gestellt, um in den Kreis der Gäste aufgenommen zu werden.

Wie knackt man eine Ingroup? Der beste Weg führt über Gemeinsamkeiten. Schließlich definieren sich Ingroups über ähnliche Interessen, Ansichten etc. Bei der oben beschriebenen Feier verfügen alle Anwesenden mindestens über die folgenden Gemeinsamkeiten: Alle kennen das Geburtstagskind, haben eine Einladung erhalten und feiern heute zusammen. Das sind schon drei Anknüpfungspunkte, die sich für den Gesprächseinstieg eignen. Mit der simplen Frage: „Woher kennen Sie denn den Jubilar?" demonstrieren Sie Ihre Zugehörigkeit, kommen leicht ins Gespräch und werden in die Runde mit aufgenommen.

Auf den Punkt gebracht

▸ Kommunikation ist ein komplexer Prozess, von dem wir meist nur die Oberfläche mitbekommen. Den Großteil aller Informationen senden wir unbewusst. Daher nehmen wir Kommunikationsstörungen oftmals nicht aktiv wahr.

▸ Wenn wir die Beziehungsebene aktiv mit ins Gespräch integrieren, verbessern wir unsere Fähigkeit zur Kommunikation beträchtlich.

▸ Kontrollieren Sie Ihren eigenen Zustand. Wenn Sie fröhlich oder optimistisch sind, überträgt sich diese Einstellung auf Ihren Gesprächspartner. Gleiches gilt auch für eine pessimistische Grundtendenz.

▸ Es gibt viele Quellen für Missverständnisse. Meist interpretiert das Gegenüber Ihre Botschaft anders als beabsichtigt. Machen Sie Ihre Motive und Befindlichkeiten daher auch bei kritischen Themen deutlich.

▸ Menschen müssen „dazugehören", bevor sie sich einem anderen öffnen. Achten Sie daher darauf, dass sie entsprechend eingeführt werden.

Der Einstieg

Der Knackpunkt jeder Beziehungsaufnahme ist der erste Moment. Wie gehe ich auf einen unbekannten Menschen zu oder schlimmer noch, auf eine ganze Gruppe unbekannter Personen, und bringe mich dort ein?

Ganz einfach: Sie nehmen all Ihren Mut zusammen, überlegen sich einen gekonnten Einstieg, gehen auf den anderen zu und eröffnen das Gespräch. Eines kann ich Ihnen allerdings schon jetzt versichern: Das erste Mal wird schrecklich sein. Denn mit diesem Buch kann ich Ihnen zwar die Vorbereitung erleichtern, Sie darin unterstützen, Ihr Smalltalk-Verhalten zu verbessern und ein gefragter Smalltalker zu werden. Aber die Umsetzung selbst liegt ganz allein bei Ihnen.

Doch ich kann Sie beruhigen: Sie werden merken, dass sich mit der praktischen Umsetzung auch schnell Routine einstellen wird. Wenn Sie ein paar Mal erfolgreich Kontakt aufgenommen haben, macht Ihnen der Beziehungsaufbau mit anderen bestimmt großen Spaß und funktioniert schon bald wie von alleine.

Der persönliche Eindruck

Wie sollten Sie sich kleiden oder präsentieren, wenn Sie sich in fremde Gesellschaft begeben? Bekanntermaßen entscheidet ja der erste Eindruck darüber, wie wir wirken und ob wir von unserem Gesprächspartner gemocht werden oder nicht. Drei Faktoren spielen dabei eine maßgebliche Rolle:

▸ Die Stimme macht etwa 30 Prozent des ersten Eindrucks aus. Zwar ist die Stimme relativ unveränderbar, aber der Gegenüber hört zum Beispiel heraus, ob Sie aufgeregt oder ruhig sind.

▸ Der Inhalt dessen, was Sie sagen, trägt in den ersten Minuten nur etwa sieben Prozent zum Gesamteindruck bei. Daher ist es relativ egal, wie originell oder witzig Ihr Gesprächseinstieg ist.

▸ Der äußere Eindruck bildet mit 63 Prozent den Löwenanteil. Dazu zählen Mimik, Gestik, Aussehen, Frisur, Schmuck, Kleidung, Händedruck und die Haltung.

Kleidung und Aussehen

Menschen werden nach Ihrem Äußerem bewertet. Dabei gilt die Regel, dass man niemals „underdressed", also zu schlecht angezogen sein sollte. Sind Sie sich unsicher, wie sich die anderen Anwesenden bei einem Event kleiden, entscheiden Sie sich daher lieber für eine etwas elegantere Garderobe.

Auf Business-Treffen können Sie als Mann Ihre Krawatte im Zweifel ausziehen. Sofort wirken Sie lässig und passen auch zu Jeansträgern. Wenn Sie jedoch in einer ausgewaschenen Hose und einem legeren Urlaubsshirt auf einer Veranstaltung eintreffen, bei der Anzug mit Krawatte bei den Herren und Kostüme bei den Damen vorherrschen, werden Sie sich unter Garantie unwohl fühlen.

Doch nicht nur Ihre Kleidung ist entscheidend, auch Ihr sonstiges Aussehen. Sind Sie gepflegt oder eher ein bisschen nachlässig? Manche Menschen reagieren auch im

Smalltalk eher distanziert, wenn Sie zur zweiten Gruppe gehören. Ein gepflegter Bart ist bei vielen gesellschaftlichen Anlässen zum Beispiel durchaus in Ordnung, ein wilder Rauschbart, der noch Rückschlüsse auf Ihr letztes Mittagessen zulässt, wird Ihre Smalltalk-Versuche erschweren. Auch als Frau können Sie Ihr Äußeres durch den Einsatz von Make-up, Kleidung und Frisur dem Anlass entsprechend anpassen.

Auftreten und Haltung

Weiterhin ist Ihr persönliches Auftreten wichtig. Gehen Sie aufrecht oder sind Sie in sich zusammengesunken? Betreten Sie einen Raum dynamisch oder haben Sie einen zögerlichen, langsamen Schritt? Überprüfen Sie Ihren Auftritt und trainieren Sie sich eventuell fehlende Körperspannung an.

Auch die Haltung Ihrer Schultern sagt viel über Ihre Befindlichkeit aus. Hängende Schultern und eine zusammengefallene Brust signalisieren Resignation und Antriebsarmut. Gerade Schultern und eine leicht herausgedrückte Brust weisen dagegen auf eine kraftvolle und stabile Person hin. Solche Menschen werden von ihrer Umgebung viel positiver wahrgenommen als andere.

Auch Ihr Händedruck gehört zum ersten Eindruck. Ist er schlaff, wird sich Ihr Gesprächspartner instinktiv von Ihnen abwenden. Auch ein zu kräftiger Händedruck schafft Verunsicherung. Ihr Gegenüber wird entweder in die Defensive gehen und Sie bald verlassen oder er nimmt Sie zumindest als bedrohlich oder dominierend wahr. In allen Fällen wird ein nachfolgendes Gespräch gestört sein.

Last, but not least ist Ihr Blickkontakt ein entscheidendes Merkmal, welches mit darüber entscheidet, ob die Anwesenden Sie als sympathisch oder unsympathisch auffassen. Schauen Sie Ihrem Gesprächspartner also fest in die Augen, lächeln Sie und sagen Sie etwas Nettes.

Die richtigen Worte finden

Was sagt man denn nun, wenn man sich zu einer fremden Person dazugesellt? Schweigen ist natürlich peinlich, lässt sich jedoch oft genug beobachten, meist verbunden mit einem hilflosen Lächeln auf beiden Seiten. Dabei gibt es mehr als genug Einstiege in den Smalltalk:

▸ Das tagesaktuelle Thema. „Haben Sie auch gehört, dass unser Bürgermeister morgen die neue Sporthalle einweiht?"

▸ Der aktuelle Bezug: „Diese Snacks sind phänomenal. Wissen Sie, wie die hergestellt werden?" (Der andere weiß es vermutlich nicht, das spielt aber keine Rolle.)

▸ Die direkte Ansprache: „Ihre Krawatte ist ja wunderbar. Wo haben Sie die gekauft?"

▸ Gemeinsame Themen: „Wer hat Sie denn heute eingeladen?" oder „Woher kennen Sie den Gastgeber?"

▸ Der sichere Weg: „Sie sind doch heute sicher auch hier, um interessante Geschäftspartner kennen zu lernen. Was machen Sie beruflich?"

Natürlich gibt es noch weitere Möglichkeiten – genauer gesagt unendlich viele. Es kommt dabei meiner Meinung nach auch gar nicht auf den richtigen Satz oder das richtige Thema an, sondern darauf, dass Sie mit Ihrem Einstieg das Eis brechen. Der andere hat schließlich meist das gleiche Problem. Er oder sie freut sich daher über jede Brücke, die Sie bauen – auch wenn es nur ein schmaler Steg ohne Geländer ist. Im Normalfall entwickelt sich das Gespräch anschließend sehr schnell in die gewünschte Richtung. Also: Gehen Sie einfach auf die unbekannte Person zu, sagen Sie, was Ihnen gerade durch den Kopf geht, und vertrauen Sie darauf, dass der andere den Faden aufnimmt.

Originalität ist hierbei nicht unbedingt gefragt. Wenn Sie der geborene Entertainer sind oder zu denjenigen Menschen gehören, die sowieso sprechen können wie ein Wasserfall, werden Sie sicher auch mit spritzigen Bemerkungen punkten können. Zählen Sie sich jedoch eher zu den „normal begabten" Gesprächspartnern, dann sagen Sie auch etwas Gewöhnliches – andernfalls laufen Sie möglicherweise Gefahr, gestellt oder gekünstelt zu wirken.

Die Zaubertechnik

Vielleicht ist Ihnen an den obigen Beispielen aufgefallen, dass sie alle mit einem Fragezeichen enden. Daher mein Rat: Starten Sie den Smalltalk unbedingt mit einer Frage. Daraufhin wird der Gesprächspartner automatisch antworten. Damit haben Sie ihn aus der Reserve gelockt und sofort einen Dialog etabliert. Mit dieser sehr einfachen Technik erleichtern Sie sich und Ihrem Gegenüber den Einstieg in Ihre Konversation beträchtlich.

Kontakt zu einer Gruppe aufnehmen

Ein Einzelner mag ja noch ansprechbar sein, werden Sie sagen. Aber wie gehe ich vor, wenn im Raum nur Grüppchen vertreten sind, die alle in ein angeregtes Gespräch vertieft sind. In einer solchen Situation finde ich doch nie Anschluss! Weit gefehlt! Wenn es keine Möglichkeit zur Kontaktaufnahme gäbe, stünden noch andere einzelne Personen im Raum, denen es genauso erginge. Also muss es doch einen Weg geben.

Bei mehreren Gruppen empfehle ich Ihnen, zunächst von außen zu beobachten, welche Ihnen am meisten zusagt. An einem Tisch stehen vielleicht ein paar Menschen, die Sie heute nicht kennen lernen möchten, weil sie gepflegte Langeweile ausstrahlen. An einem anderen fallen Ihnen aber stattdessen einige Leute auf, die spritzig aussehen und eher Ihrem Bedürfnis nach Austausch entsprechen. Eventuell zieht es Sie als einzelne Frau oder einzelnen Mann auch erst einmal an einen reinen Frauen- oder Männertisch oder Sie bevorzugen bewusst eine gemischte Gruppe.

Auch die Gesprächsstruktur sollten Sie beachten:

▶ Es gibt Gruppen, in denen einer den Ton angibt und damit alle Anwesenden an sich bindet. Wenn Sie sich dazustellen, werden Sie schnell einer der Zuhörer sein.

▶ Dann gibt es Gruppen, bei denen alle miteinander reden, ohne dass ein Zentrum auszumachen ist.

▶ Die dritte Variante sind Gruppen, bei denen sich lauter Zweierpärchen in angeregte und tief schürfende Gespräche ergehen.

Die zweite Variante ist sicher am besten geeignet, um ins Spiel zu kommen. Je nach Ihrer Persönlichkeit und Ihrem aktuellen Mut sind nun zwei verschiedene Wege der Kontaktaufnahme möglich:

Der Schüchterne wird sich unauffällig an den Rand der Gruppe stellen und hoffen, dass ihn die anderen allmählich absorbieren. Aber dazu gehören Sie ja jetzt nicht mehr – schließlich haben Sie bereits die ersten Kapitel dieses Buches gelesen und umgesetzt. Also nehmen Sie Ihr Glas fest in die Hand, geben Sie sich einen Ruck, stellen Sie sich selbstbewusst und gut sichtbar dazu. Beachten Sie aber, dass Sie Menschen nie von hinten ansprechen sollten. Am besten platzieren Sie sich am Rand des Kreises und nehmen Blickkontakt zu einer Person auf, die Ihnen gegenübersteht. Sobald die Kontaktaufnahme geglückt ist, betreten Sie die Runde und sagen etwas. Mögliche erste Sätze sind:

▸ „Leider bin ich etwas später gekommen. Haben Sie noch ein Plätzchen für mich?"

▸ „Wissen Sie, wer heute Abend der Gastgeber ist?"

▸ „Ich bin erst jetzt eingetroffen. Wurde dem Geburtstagskind eigentlich schon gratuliert?"

Ihr strategisches Ziel ist ganz einfach: Mit Ihrem Auftritt und einer mehr oder weniger sinnvollen Fragen präsentieren Sie sich der Gruppe. Die anderen Anwesenden werden Sie mustern und dann entscheiden, ob Sie sie integrieren. Wenn alle nach Ihrem Einstiegssatz betreten wegschauen, ist etwas schief gelaufen. Das Risiko hierfür ist jedoch äußerst gering, insbesondere bei Gruppen, die sich selbst erst kurze Zeit kennen.

Der weitere Ablauf hängt jetzt von Ihnen ab. Nach Ihrem ersten Auftritt kommt irgendeine Reaktion. Je nachdem, ob Sie diesen Ball aufnehmen oder nicht, bestimmen Sie, ob Sie weiter im Vordergrund bleiben oder erst einmal zurücktreten, um sich an die Gruppe zu gewöhnen. Auf jeden Fall gehören Sie jetzt dazu und können sich jederzeit wieder ins Gespräch zurückmelden.

Innerlich locker werden

Lampenfieber, Angst oder innere Anspannung sind die vielleicht größten Hindernisse, wenn Sie Kontakt zu fremden Menschen aufnehmen möchten.

Warum haben wir Lampenfieber?

Lampenfieber ist weit verbreitet, seine Ursache liegt meist in einer unbewussten Angst davor, dass wir versagen. Unser Unterbewusstsein nimmt Versagensangst häufig als Existenzangst wahr. Es kann nicht unterscheiden zwischen

▶ einer wirklich lebensbedrohlichen Situation – wie sie vielleicht früher einmal herrschte, wenn wir als nackter Steinzeitmensch auf eine unbekannte, schwer bewaffnete und Steinäxte schwingende Gruppe von Urmenschen zugegangen sind, und

▶ einer Barbecue-Party, bei der ein paar lachende Menschen mit einem Bier in der Hand am Grill stehen und man im schlimmsten Fall riskiert, nicht beachtet zu werden.

Vielleicht sollten Sie sich an dieser Stelle vergegenwärtigen, was überhaupt alles passieren kann, falls Ihre Smalltalk-Versuche scheitern: Sie können ausgelacht, bloßgestellt und isoliert werden.

▸ Ausgelacht, wenn der ganze Tisch auf einmal loslacht und mit den Fingern auf Sie zeigt, sobald Sie sich dem Tisch nähern und dort ein paar unbeholfene Sätze stottern.

▸ Bloßgestellt, wenn jemand Sie mit den Worten empfängt: „Was will denn dieser Gartenzwerg hier bei uns?"

▸ Und isoliert, wenn Ihnen Ihr Gesprächspartner oder sogar die ganze Gruppe auf einmal grundlos und demonstrativ den Rücken zuwendet. Lebensbedrohlich ist das alles nicht, schlimmstenfalls gehen Sie eben wieder und haken diesen Abend ab.

Doch Hand aufs Herz: Ist Ihnen je eines dieser drei geschilderten Ereignisse als Erwachsener passiert oder haben Sie Ähnliches schon einmal irgendwo beobachtet? Ich kann es mir nicht vorstellen. Man muss sich schon sehr daneben benehmen, um solche Reaktionen auszulösen. Klar, vielleicht finden Sie für den Moment keine Gesprächspartner oder einer Ihrer Kontaktaufnahmeversuche läuft schief. Aber das passiert auch erfahrenen Menschen und ist nicht wirklich schlimm.

Also kann Ihnen beim Smalltalk eigentlich gar nichts passieren. Machen Sie sich das stets bewusst. Stellen Sie sich Ihre größten Ängste plastisch vor und überlegen Sie dann, ob diese Situation wirklich eintreten kann. Auf diesem Weg können Sie Ihr Unterbewusstsein davon überzeugen, dass

Sie in einer sicheren Welt leben und dass es Ihnen keine Angstgefühle mehr zu schicken braucht. Und nehmen Sie Ihrem Unterbewusstsein gelegentliche Lampenfieber-Attacken nicht übel – schließlich will es Sie ja nur vor Gefahren beschützen.

Übung: Atemräume
Mit der folgenden Übung können Sie Ihren eigenen Rhythmus besser wahrnehmen und harmonisieren. Die Übung dient der Entspannung und beugt Lampenfieber vor. Sie hilft Ihnen, einmal richtig durchzuatmen und dauert fünf bis zehn Minuten.

▶ Setzen Sie sich aufrecht auf einen Stuhl, legen Sie Ihre Hände entspannt auf Ihre Oberschenkel, stellen die Füße etwa 20 Zentimeter voneinander entfernt auf den Boden. Atmen Sie ganz bewusst ein und wieder aus und nehmen Sie dabei wahr, wie Ihre Atmung von ganz allein funktioniert.	✓
▶ Legen Sie beide Hände unterhalb des Schlüsselbeins auf Ihre Lungenspitzen, Finger geschlossen. Spüren Sie Ihrer Atembewegung nach. Lassen Sie die Übung wirken, indem Sie die Hände ruhen und Ihren Atem fließen lassen.	✓
▶ Platzieren Sie Ihre Hände auf den unteren Rippenbogen und spüren Sie auch hier Ihrer Atembewegung und dem -rhythmus nach.	✓
▶ Lassen Sie Ihre Hände nun auf dem unteren Bauchraum ruhen, fühlen Sie auch hier Ihre Atembewegung und beobachten Sie, wie diese in Ihren Körper fließt.	✓
▶ Legen Sie Ihre Hände so weit oben wie möglich auf Ihren Rücken, beugen Sie sich ein wenig nach vorn und spüren Sie anschließend die Ausdehnung des Atemraumes.	✓

Übung: Atemräume	
▸ Platzieren Sie Ihre Handrücken auf Ihre Nieren und lassen Sie Ihre Atmung wirken.	✓
▸ Lassen Sie die Handrücken nebeneinander auf Ihrem Kreuzbein (unterster Teil der Wirbelsäule) liegen und spüren Sie Ihren Atemrhythmus.	✓
▸ Legen Sie nochmals Ihre Hände auf den unteren Rippenbogen und erfühlen Sie von hier aus alle Ihre Atemräume. Spüren Sie, inwieweit sich diese durch die Berührung und Wärme Ihrer Hände und Ihre bewusste Aufmerksamkeit verändert haben.	✓
▸ Beenden Sie die Übung in der Grundposition, verschränken Sie die Hände, legen Sie die Zeigefinger und die Daumenspitzen aneinander und spüren Sie die wohltuende Wirkung.	✓

Beispiele für den Einstieg

Im Folgenden zeige und bewerte ich mehrere Möglichkeiten, wie Sie in Ihrem Alltag mit anderen Menschen leicht und locker ins Gespräch kommen können.

Beim Bäcker

Sabine Maier steht in der Schlange und spricht die Frau hinter sich an.

Sabine Maier: „Finden Sie das Brot hier auch so lecker?"

Anke Schwan: „Sie haben Recht, das schmeckt wirklich."

Sabine Maier: „Kaufen Sie hier öfters ein?"

Anke Schwan: „Vor allem am Wochenende. Da haben wir endlich einmal Zeit für ein Familienfrühstück."

Sabine Maier: „Wer frühstückt denn alles mit?"

Anke Schwan: „Mein Mann und meine beiden Töchter. Manchmal auch die Oma. Sie wohnt in der Nähe."

Sabine Maier: „Sie haben Kinder? Ich auch. Meine beiden sind 5 und 7. Und Ihre?"

Anke Schwan: „Meine sind schon etwas älter, 8 und 11. Die Große ist schon auf dem Gymnasium."

Sabine Maier: „Das ist ja spannend. Ich bin gerade dabei, mir die weiterführenden Schulen hier näher anzusehen. Welche können Sie denn empfehlen?"

Meine Expertenmeinung: Sabine Maier eröffnet den Smalltalk mit einer ganz unverbindlichen Bemerkung. Gut ist, dass Sie den Gesprächseinstieg mit einer positiven Aussage verbindet. Anke Schwan knüpft bereitwillig an das Gesagte an und lässt sich mühelos auf das Thema Familienfrühstück ein. Sabine Maier nutzt den Anlass, das Gespräch in eine für Sie spannende Richtung zu lenken. Sie will etwas über die Schulen in der Umgebung erfahren und profitiert somit doppelt: Sie vertreibt sich beim Brötchenholen die Zeit und plant gleichzeitig die Zukunft ihrer Kinder.

Im ICE

Zwei Männer sitzen sich in einem Großraumwagen gegenüber. Hubert Schanowski fährt geschäftlich zum ersten Mal nach Hamburg. Vis-à-vis sitzt ein etwa gleichaltriger Mann und liest.

Hubert Schanowski (nimmt Bezug auf die Zeitschrift seines Gegenübers): „Spannende Geschichte, die Sie da lesen."

Gegenüber: „Ja, das stimmt. Ich interessiere mich sehr für

Architektur in den Golfstaaten."

Hubert Schanowski: „Sind Sie Architekt?"

Gegenüber: „Nein, ich bin Kunsthistoriker."

Hubert Schanowski: „Wo arbeiten Sie denn?"

Gegenüber: „Bei der Senatsverwaltung in Hamburg."

Hubert Schanowski: „Das ist ja klasse. Ich fahre heute zum ersten Mal nach Hamburg. Dann haben Sie doch sicher ein paar Geheimtipps für mich, was ich alles anschauen kann."

Meine Expertenmeinung: Hubert Schanowski nutzt einen Einstieg in ein Thema, welches seinen potenziellen Gesprächspartner auf jeden Fall interessieren wird – nämlich den Text, den dieser gerade liest. Geschickt sondiert er anschließend, in welchem Bereich sein Gesprächspartner vielleicht kompetent ist. Er entscheidet sich, beim Thema Architektur zu bleiben und die Bahnreise dafür zu verwenden, Tipps zu seinem Reiseziel zu erhalten. Auch damit erreicht er wieder zwei Ziele: Er verkürzt sich die Zeit und erhält zudem ein paar besondere Ideen, was er in seiner Freizeit in Hamburg unternehmen kann.

Das Netzwerktreffen

Frau Braun ist auf einem Netzwerktreffen. Sie betritt den Raum, in dem die Anwesenden an Stehtischen lehnen. Wen soll sie ansprechen? Sie entscheidet sich für einen elegant gekleideten, jüngeren Mann, der noch alleine ist.

Frau Braun: „Haben Sie noch einen Platz frei?"

Jüngerer Mann: „Aber gern, ich mache mich für Sie etwas dünner. Dann passen wir beide gut an den Tisch."

Frau Braun (lacht): „Dann erzählen Sie doch gleich einmal,

> *was Sie hier genau machen?"*
>
> *Jüngerer Mann: „Außer stehen? Ich verkaufe Illusionen."*
>
> *Frau Braun (etwas erstaunt): „Jetzt bin ich aber neugierig. Wie geht denn das?"*

Meine Expertenmeinung: Frau Braun geht aktiv vor. Sie sucht sich einen passenden Gesprächspartner und nimmt Kontakt zu ihm auf. Ihre Ansprache ist zwar nicht besonders originell, aber Sie erfüllt ihren Zweck. Nachdem ihr Partner signalisiert hat, dass sie willkommen ist, nimmt sie das Gespräch weiter in die Hand und erfragt sofort, was der andere beruflich zu bieten hat. Ihr Ziel ist es, in kürzester Zeit herauszufinden, ob der neue Kontakt nützlich für sie ist. Leider erfahren wir in diesem kurzen Ausschnitt nicht, was der andere tatsächlich macht. Aber er verkauft sich gut und hat zumindest schon einmal das Interesse von Frau Braun geweckt. Das Gespräch wird sich fortsetzen.

Auf den Punkt gebracht

▸ Der erste Eindruck entscheidet darüber, ob ein Kontakt „funktioniert". Dabei dominieren Ihre Stimme und Ihr äußeres Erscheinungsbild. Der Inhalt dessen, was Sie sagen, ist zweitrangig.

▸ Seien Sie im Zweifel lieber etwas besser gekleidet als zu schlecht. Achten Sie auf ein gepflegtes Äußeres.

▸ Auch Ihre Körperhaltung prägt Ihr Erscheinungsbild. Gehen Sie dynamisch und aufrecht durch die Welt.

▸ Ihr Händedruck sollte weder zu fest noch zu schlaff sein.

▸ Der Blickkontakt ist ein entscheidender Faktor. Schauen Sie Ihrem Gesprächspartner in die Augen und lächeln Sie dabei.

▸ Schweigen ist oft peinlich. Beginnen Sie daher einfach mit einem unverfänglichen Gespräch. Sie können dabei fast jedes Thema anreißen, sofern es keinem Tabuthema angehört.

▸ Entscheidend ist, dass Sie nach dem ersten Satz noch ein oder zwei originelle Einstiegsalternativen auf Lager haben.

▸ Benutzen Sie Fragen für den Gesprächsauftakt.

▸ Beobachten Sie mögliche Gesprächspartner vor der Kontaktaufnahme. Haben Sie Interesse an genau diesem Menschen? Spricht er gerade mit einer anderen Person? Wirkt eine Menschengruppe auf Sie anziehend?

▸ Lampenfieber ist ganz natürlich, Angst vor dem Smalltalk ist allerdings unbegründet. Häufig schwingen starke unbewusste Blockaden mit.

▸ Ihnen kann beim Smalltalks nichts wirklich Schlimmes passieren. Machen Sie sich das im Zweifel vor einer Kontaktaufnahme deutlich.

Gesprächstechniken

Nachdem der erste Einstieg geschafft ist, beginnt die wahre Kunst des Smalltalks. Jetzt können Sie zeigen, welche Gesprächstechniken Sie beherrschen, um einen guten Eindruck zu hinterlassen und Ihre Ziele zu erreichen.

Fragen und Zuhören

Wie, glauben Sie, erzielt man die Aufmerksamkeit seiner Zuhörer? Paradoxerweise nimmt man Menschen nicht für sich ein, wenn man selbst viel redet, sondern wenn man Fragen stellt und anschließend aufmerksam zuhört. Ein guter Verkäufer zum Beispiel sollte im Verkaufsgespräch nur etwa 30 Prozent für sich beanspruchen. Die übrige Zeit sollte der Kunde reden. Leider passiert es meist anders herum und entsprechend oft misslingen solche Gespräche.

Genauso ist es beim Smalltalk: Wenn Sie zuhören, bleibt Ihr Gegenüber bei der Stange. Wenn Sie das eine Stunde oder länger durchhalten, haben Sie für diese Zeit einen Gesprächspartner. Natürlich ist das nicht Ihr Ziel. Später erläutere ich Ihnen auch, wie Sie ein Gespräch sanft, aber unwiderstehlich in eine neue Richtung lenken können.

Die Einsamkeitsfalle

Warum sprechen Menschen lieber, als dass sie zuhören? Dahinter steckt ein komplexer Mechanismus, der in Gang gesetzt wird, sobald wir als Babys das Licht der Welt erblicken: Wir kommen aus dem Bauch der Mutter und landen in einer großen, unbekannten Welt – und wollen zurück in die Sicherheit. Unsere größte Angst besteht darin, verlassen zu werden.

Im Laufe ihres Lebens lernen die heranwachsenden Menschen zurechtzukommen. Aber sie sehnen sich stets nach ihrer ursprünglichen Geborgenheit zurück. Ihre notwendige Sicherheit finden Kinder zum Beispiel, wenn sie Anerkennung und Lob erhalten. Beides bedeutet für sie: „Du bist in Sicherheit, hier und jetzt passiert dir nichts, ich passe auf dich auf".

Dieses Bedürfnis nach Anerkennung und Liebe bleibt nach den Grundbedürfnissen wie Luft, Wasser und Nahrung das wichtigste überhaupt. Leider wird es häufig nur unzureichend erfüllt. Viele Kinder in unserer Gesellschaft wachsen mit einem enormen Defizit an Zuneigung auf. Die Menschen gehen oberflächlich miteinander um, gemeinsame Freizeitaktivitäten, die Kunst zuzuhören und zu loben sind selten geworden. Daher verspüren viele einen Mangel an Anerkennung und versuchen unbewusst, diese Zuneigung von anderen zu erhalten. Wenn ein Mensch ihnen dann auf einmal aufmerksam zuhört, wird dieses Bedürfnis befriedigt. Das ist der Grund, warum Sie mit ein paar Einstiegsfragen und einer guten Zuhörtechnik sehr schnell andere für sich gewinnen können.

Mit diesem Thema ist leider auch eine Kehrseite verbunden: Manche Menschen leiden an einem großen Beziehungsdefizit. Sie befinden sich gerade in einer Krise, haben keinen Freundeskreis oder leben sehr kontaktarm. Wenn Sie als geübter Zuhörer auf eine solche Person treffen, wird sich diese oft regelrecht auf Sie stürzen. Nach einer kurzen

Kontaktphase dreht sich das Gespräch immer mehr in Richtung Ihres Partners. Er übernimmt den Redepart und Sie hören ausschließlich zu. Im Extremfall fühlen Sie sich wie leer gesaugt – und genau das passiert im übertragenen Sinne auch: Ihr Gegenüber hat Sie „energetisch" ausgesaugt.

Natürlich ist es keinesfalls falsch, anderen zuzuhören. Im Gegenteil: Jeder Mensch braucht Zuwendung – auch Sie. Ohne diese Art der Anerkennung würden wir schlichtweg vertrocknen wie eine Rose ohne Wasser. Doch das Verhältnis zwischen zwei Gesprächspartnern muss stets ausgewogen bleiben.

Ihr Gegenüber sollte im Laufe des Gespräches ebenfalls Fragen stellen und sich für Ihre Person interessieren. Wenn das der Fall ist, bereitet Ihnen die Konversation ebenfalls Spaß und Sie gewinnen vielleicht einen neuen Bekannten hinzu.

Beziehen Sie Stellung!

Achten Sie darauf, wie Ihre Gespräche verlaufen. Wenn Sie merken, dass Sie jemand nur benutzt, um sein Anliegen oder seine momentane Befindlichkeit mitzuteilen, und Sie sich dadurch gestresst fühlen, beenden Sie dieses Gespräch. Sollten Sie häufiger in eine solche Situation geraten und darunter leiden, dann überprüfen Sie Ihre Einstellung zu anderen Menschen. Vielleicht können Sie nicht deutlich genug Nein sagen. Doch diese Form des Abgrenzens gehört genauso zum Leben wie die Suche nach der Nähe zu anderen Menschen.

Ein weiteres Thema soll hier nicht verschwiegen werden: Manche Menschen nutzen ihre Fähigkeit zum Zuhören auch aus, um andere zu manipulieren. Besonders diejenigen, die anderen hartnäckig etwas verkaufen wollen – ohne dass bei der Zielperson ein Bedarf dafür existiert – sind oft versiert in der Kunst des Zuhörens. Damit bauen sie ein Vertrauensverhältnis auf und machen es ihrem zukünftigen Kunden sehr schwer, Nein zu sagen.

Leider neigen wir auch dazu, im vertrauten Gespräch Dinge auszuplaudern, die wir lieber für uns behalten hätten. Ist Ihnen schon einmal aufgefallen, wie leicht Sie zum Beispiel bereit sind, einem Finanzberater Ihre gesamten Vermögensverhältnisse offen zu legen, obwohl Sie diesen kaum kennen?!

Auch im betrieblichen Zusammenhang sollten Sie vorsichtig sein und Ihrem neuen Kontakt nicht zu viele Interna preisgeben.

Redselige Führungsriege

Vor einigen Jahren arbeitete ich für ein großes Unternehmen, welches auf dem Land lag. Vom Flughafen wurde man stets von demselben Taxiunternehmen abgeholt. Es war spannend zu erleben, wie gut die Fahrer über die intimsten Vorgänge der Firma unterrichtet waren, auch über wirklich vertrauliche Einzelheiten.

Wie ich mitbekam, gab es unter den Fahrern ein paar richtige Kommunikationstalente, die fast jeden zum Sprechen brachten, auch wichtige Führungskräfte.

Offene und geschlossene Fragen

Fragen zu stellen, will gelernt sein. Das betrifft keinesfalls nur Kriminalbeamte oder Psychotherapeuten. Auch Sie können mit einer guten Fragetechnik im Smalltalk oder in anderen Gesprächen viel erreichen.

Tee oder Kaffee?

Was passiert, wenn Sie Ihr Gegenüber fragen: „Was möchten Sie trinken?", und Sie gleichzeitig nur Kaffee im Angebot haben? Ihr Gast wird vielleicht Tee, Wasser oder Apfelsaft wünschen. Dann müssen Sie ihn enttäuschen, weil diese Getränke nicht vorrätig haben. Stellen Sie jedoch die Frage: „Möchten Sie Kaffee?", kann Ihnen Derartiges nicht passieren. Wenn Sie zusätzlich auch Tee anbieten wollen, eignet sich die Frageform: „Möchten Sie Tee oder Kaffee?" Auch dann werden Sie Ihren Gast in den meisten Fällen zufrieden stellen können.

In diesem kurzen Beispiel finden Sie schon viele wichtige Fragetypen:

▸ „Was möchten Sie trinken?", ist eine offene Frage. Sie fängt mit einem W-Wort an und könnte auch mit *wie, wo, wann* oder *warum* beginnen. Als Antwort wird meist alles Mögliche kommen, nur keine kurze Antwort.

▸ „Möchten Sie Kaffee?", ist hingegen eine geschlossene Frage. Die Antworten darauf lauten „Ja" oder „Nein", andere Entgegnungen werden ausgeschlossen. Ihr Gegenüber kann allerdings stattdessen auch zu einer Gegenfrage ansetzen.

▸ „Möchten Sie Tee oder Kaffee?", ist eine so genannte Alternativ- oder Entscheidungsfrage. Der Gesprächspartner wird gezwungen, sich zwischen zwei Möglichkeiten zu entscheiden.

In welchen Situationen setzen Sie nun am besten welche Frageform ein?

▸ Zu Anfang eines Gespräches sollten immer offene Fragen stehen. Sie ermöglichen dem Gegenüber, sich zu entfalten, geben ihm Raum und bringen ein Gespräch zuverlässig in Gang. Beginnen Sie also Ihre Smalltalk-Gespräche am besten mit W-Fragen.

▸ Geschlossene Fragen sind dann angebracht, wenn Sie ein Gespräch beenden möchten, Sie präzise Informationen benötigen oder einen ausufernden Gesprächspartner dazu bringen möchten, weniger zu reden.

▸ Alternativfragen eignen sich, um Entscheidungen zu erfragen. „Passt Ihnen Montag oder Dienstag besser für unser nächstes Treffen?", wird schneller zu einem Ergebnis führen, als die Frage: „Wann wollen wir uns treffen?"

Rhetorische Fragen

Eine weitere für den Smalltalk geeignete Fragetechnik ist die rhetorische Frage. Sie zeichnet sich dadurch aus, dass sie der Gefragte nicht beantworten soll. Aber in seinem Kopf formuliert er automatisch die Antwort und bereit sich in Gedanken somit auf den nächsten Schritt des Gespräches vor.

„Fanden Sie diesen Vortrag nicht auch spannend?", ist ein Beispiel für eine solche Frage. Sie erzeugen damit eine Gemeinsamkeit mit Ihren Gegenüber und haben die Chance, das Gespräch weiterzuführen.

Weitere Beispiele sind:

▸ „Stimmen Sie mit mir überein, dass …"

▸ „Sie mögen ja auch nicht, wenn …"

▸ „Ständiges Handyklingeln nervt, finden Sie nicht auch?"

Diese Art der Kontaktaufnahme ist dann sinnvoll, wenn Sie Ihren Gegenüber auf ein Thema einstimmen oder über eine konkrete Sache mit ihm sprechen möchten. Nach der einleitenden rhetorischen Frage können Sie mit einer „echten" Frage anschließen und damit Ihr Anliegen zum Ausdruck bringen.

Weniger ist mehr

Setzen Sie rhetorische Fragen im Zweiergespräch nicht zu oft ein, sonst wirken Sie irgendwann wie ein Lehrer. Besser eignen sie sich beispielsweise für Präsentationen und Vorträge.

Die Spiegeltechnik

Der Einstieg hat geklappt. Doch wie halten Sie das Gespräch jetzt in Gang? Wenn Sie zum Beispiel merken, dass Sie noch etwas Zeit brauchen, um mit dem anderen warm zu werden, besteht eine einfache Technik darin, die Aussagen Ihres Gegenübers zu spiegeln. Dazu nehmen Sie die besprochenen Themen auf und wiederholen Sie. Der andere freut sich über Ihr Interesse und wird weiterreden.

Die Spiegeltechnik

Gesprächspartner: „... und dann gibt es da noch die Geschichte mit dem Autohaus."

Sie: „Autohaus?"

Gesprächspartner: „Klar. Dort gibt es im Moment attraktive Sonderangebote. Tolle Sportwagen mit null Prozent Anzahlung."

Sie: „Sportwagen?"

Gesprächspartner: „Ja, neue Modelle mit sehr viel PS – alles, was das Herz begehrt."

Sie: „Wie viel PS?"

Dieses Gespräch könnten Sie stundenlang so fortführen. Die Frage ist natürlich, ob Sie das wollen. Aber zum Überbrücken schweigsamer Momente ist die Spiegeltechnik bestens geeignet.

Die Führung übernehmen

Nach der Aufwärmphase soll der Smalltalk irgendwann eine bestimmte Richtung bekommen. Sie wollen vielleicht etwas Konkretes von Ihrem Gesprächspartner erfahren oder selbst ein Anliegen loswerden. Wenn niemand das Gespräch steuert, besteht jedoch leicht die Gefahr, dass Ihre Konversation wirklich beim Traumauto Ihres Gegenübers hängen bleibt und Sie sich bald langweilen. Was also tun?

Wer fragt, der führt

„Wer fragt, der führt" lautet eine alte Weisheit und trifft genau des Pudels Kern. Mit Fragen können Sie ein Gespräch elegant und einfach in jede beliebige Richtung steuern. Voraussetzung dafür ist, dass Sie einen klaren Plan dessen haben, was Sie überhaupt erreichen möchten.

Warten Sie nach der Einstiegsphase einige Minuten und beginnen Sie dann sachte, aber bestimmt damit, die Führung des Gesprächs zu übernehmen. Stellen Sie Fragen, verharren Sie so lange bei einem Thema, wie es Ihnen sinnvoll erscheint, und wechseln Sie dann unauffällig zum nächsten für Sie spannenden Aspekt. Wenn Sie stets bei der Frageform bleiben und nicht zu viel eigenen Input beisteuern, bricht der Redefluss Ihres Gesprächspartners nie ab.

Mit dieser einfachen Technik können Sie ein Smalltalk-Gespräch einfach und effizient steuern und die für Sie relevanten Informationen erhalten.

Durch Fragen führen

Gesprächspartner: „… und dann gibt es da noch die Geschichte mit dem Autohaus."

Sie: „Wo Sie gerade Autohaus erwähnen. Sie kennen nicht zufällig jemand, der in der Druckbranche arbeitet?

Gesprächspartner: „Doch. Mein Freund Erwin ist Marketingleiter bei der Druckerei Bunt & Schnell."

Sie: „Das ist ja ein Zufall. Was macht er denn dort genau?"

Wenn Sie Kontakte in der Druckereibranche suchen, haben Sie soeben Ihren ersten gefunden. Glückwunsch! Auch wenn Sie der abrupte Themenwechsel vielleicht stört, er funktioniert. Ihr Gegenüber ist eventuell selbst kurz irritiert, springt aber in den meisten Fällen auf das neue Thema an und gibt Ihnen die entsprechenden Informationen.

Auf den Punkt gebracht

▸ Fragen zu stellen, ist die einfachste Technik, um ein Gespräch in Gang zu bringen und zu steuern.

▸ Menschen fühlen sich wertgeschätzt, wenn man Ihnen zuhört. Daher ist Zuhören eine wertvolle Eigenschaft, um Beziehungen aufzubauen.

▸ Zuhören soll jedoch keine Einbahnstraße sein. Achten Sie darauf, dass Ihr Gegenüber auch Ihnen zuhört.

▸ Offene Fragen eröffnen ein Gespräch und bringen auch schweigsame Partner zum Sprechen.

▸ Geschlossene Fragen dienen dazu, Gespräche abzuschließen oder Informationen zu bestätigen.

▸ Mit rhetorischen Fragen erhöhen Sie die Aufmerksamkeit Ihres Gegenübers.

▸ Durch das „Spiegeln" Ihres Gesprächspartners, also durch Wiederholung des Gesagten, können Sie ein Gespräch kurzeitig ebenfalls führen.

▸ Einer der Gesprächspartner, am besten Sie, sollte die Führung übernehmen und die Konversation in die gewünschte Richtung lenken.

Körpersprache deuten und nutzen

Was ist Körpersprache?

Die Körpersprache umfasst alle Signale, die Sie von Ihrem Gegenüber mit Ihren fünf Sinnesorganen erfassen. Es beginnt beim äußeren Auftreten, setzt sich bei Mimik und Gestik fort und erstreckt sich bis hin zu Gerüchen, Berührungen und der Stimmlage oder Betonung einzelner Satzteile. So nehmen Sie bei Ihrem Gegenüber zum Beispiel folgende Aspekte wahr und bewerten sie unbewusst:

▸ **Gesicht:** Stellung des Mundes, Lachen, verkniffener Ausdruck, Stirnrunzeln, strahlen

▸ **Blick:** geradeaus, seitlich, wegschauend, Augen halb geschlossen haltend

▸ **Körperhaltung:** gerade, schief, Gewicht auf einem Bein, Gewicht auf beiden Beinen, unsicher, unruhig, breitbeinig, Schultern gerade oder eingesunken, Kopf aufrecht oder schräg

▸ **Hände:** hinter dem Rücken, offen, vor dem Körper verschränkt, oberhalb der Gürtellinie, ineinander verschlossen

▸ **Auftreten:** Businesskleidung, gepflegtes Äußeres, verschmutze und unordentliche Kleidung, unpassende Krawatte, legeres T-Shirt, ungeputzte Schuhe

▸ **Stimme:** laut, leise, hoch, tief

▸ **Sprechweise:** hektisch, ruhig, beherrscht, hysterisch, langsam

Aus all diesen Eigenschaften erhalten Sie während einer Unterhaltung ständig Informationen über Ihr Gegenüber. Anhand dieser Signale überprüfen Sie, wie Ihre Botschaften ankommen, passen diese im Zweifel an oder verändern Ihre Gesprächstaktik. Dieser Prozess findet weitgehend unbewusst statt.

Körpersprache erkennen und nutzen

Sie führen einen Smalltalk auf einem Empfang. Im Laufe des Gespräches bringen Sie das Thema auf den Gastgeber und merken, dass Ihr Partner unbewusst die Augenbrauen nach oben zieht, die Arme verschränkt und einen Schritt zurückweicht. Falsches Thema, sendet Ihnen Ihre Schaltzentrale. Sie reagieren sofort auf diese Signale und fragen ihn nach seinem letzten Urlaub. Jetzt bemerken Sie einen weiteren deutlichen Wandel: Ihr Gegenüber kommt wieder auf Sie zu, öffnet die Arme, sein Gesicht beginnt zu strahlen. Sie wissen, dass Sie jetzt das richtige Thema getroffen haben, und etablieren damit einen erfolgreichen Kontakt.

Leider reagieren wir nicht immer auf die Körpersprache unseres Gesprächspartners. Die genannten Signale empfangen wir zwar bei jeder Unterhaltung, doch viele Menschen haben verlernt, auf diese zu achten. Sie ignorieren die körpersprachliche Botschaft, das Gespräch läuft schief.

Dazu kommt, dass unsere „mitteleuropäische" Körpersprache viel zurückhaltender ist als beispielsweise die eines Südländers. Wenn dieser seine Sätze mit dramatischen Gesten unterstreicht, fällt die Deutung der Informationen meist sehr viel leichter als es bei uns häufig der Fall ist.

Bei Kindern ist dies oft noch anders. Babys können sich sprachlich noch nicht ausdrücken und auch in den ersten Lebensjahren fällt ihnen vor allem die Vermittlung komplexer Inhalte noch schwer. Dennoch verstehen Kinder ihre Eltern. Sie merken sehr wohl, ob die Mutter halbherzig anmahnt, das Zimmer aufzuräumen (Reaktion: keine) oder in höchster Not davor warnt, auf die Straße zu laufen, weil ein Auto kommt (Reaktion: sofort stehen bleiben).

Kinder können Körpersprache also perfekt deuten. Doch im Laufe der Erziehung und der Entwicklung der Sprechfertigkeit setzt eine Prägung auf Inhalte und die Entwicklung der Ratio ein. Dies ist ein natürlicher Prozess, der natürlich auch viele Vorteile mit sich bringt.

Doch gerade in unserer durch Technik dominierten Kultur übertreiben wir es damit manchmal. Wir verlernen, auf unser Unterbewusstsein zu hören oder körpersprachliche Signale wahrzunehmen und richtig zu deuten. Schon in der Schule werden wir darauf trainiert, vor allem auf messbare Fakten zu reagieren. Die Intuition gerät dabei ins Hintertreffen. Dabei ist es doch gerade das Bauchgefühl, das uns zum Beispiel sagt, wie wir den Zugang zu einem fremden Menschen finden können, oder welches uns ausdrücklich davor warnt, mit einem offensichtlich wortgewandten und charismatischen Menschen eine engere Bindung einzugehen.

Wie setzen wir Körpersprache ein?

Wie können Sie die Deutung der Körpersprache beim Smalltalk nun gezielt nutzen? Eines vorab: Die herausgelöste Interpretation einzelner Körperzeichen ist nicht möglich – gleichwohl das oft suggeriert wird. Verschränkt Ihr Gegenüber zum Beispiel plötzlich die Arme, kann das Ablehnung bedeuten. Es kann jedoch auch heißen, dass er sich entspannt, dass ihm kalt ist oder dass er scharf nachdenkt. Die wirkliche Bedeutung erfahren Sie nur aus dem Zusammenhang des Gesprächs und aus der Kombination mehrere Signale.

> **!** Ich empfehle Ihnen daher, Ihr Gegenüber im Gespräch bewusst zu beobachten und die Zeichen vom Scheitel bis zur Fußsohle zu deuten.

Entscheidend ist, dass Sie überhaupt erst einmal anfangen, die Körpersprache Ihrer Mitmenschen wahrzunehmen, und darauf achten, welche Signale Ihr Partner sendet. Wenn Sie sich mit einer Person länger unterhalten, finden Sie so sehr schnell heraus, wie diese Ablehnung oder Zustimmung suggeriert. Viele haben jedoch die Fähigkeit verlernt, Verhaltensänderungen überhaupt zu bemerken.

Erst beobachten, dann reden

Der Verkäufer, der seine Kunden von seinen Produkten bzw. Dienstleistungen überzeugen will, obwohl diese von einer interessierten Körperhaltung längst zu eine ablehnenden gewechselt sind, ist ein schlechter Beobachter und damit auch Verkäufer.

Der Vorgesetzte, der seinen Mitarbeitern ein neues Projekt schmackhaft machen möchte, aber längst bei jedem ein großes Fragezeichen im Gesicht erzeugt hat, ohne dies zu bemerken, ist eine schlechte Führungskraft.

Beim Smalltalk ist es dasselbe: Wenn Sie eine einschneidende Veränderung in der Körperhaltung, Mimik oder Gestik Ihres Gegenübers beobachten, die Ihnen negativ erscheint, sollten Sie kurz überlegen, was passiert ist. Wenn Sie äußere Einflüsse ausschließen können, zum Beispiel den Ausfall der Heizung oder Klimaanlage, liegt es vielleicht an Ihnen. Dann sollten Sie das Thema wechseln oder anders auf die Störung reagieren.

Nimmt der Gesprächspartner anschließend wieder seine alte, entspannte Haltung ein, war Ihre Beobachtung richtig. Falls nicht, müssen Sie weiter ausprobieren, wo die Ursache liegen könnte.

Natürlich bedarf es einiger Übung, neben dem Gespräch selbst auch noch den Gesprächspartner und vielleicht die Umgebung im Auge zu behalten. Aber es ist einfacher, als Sie vielleicht denken. Auch hier gilt wieder: Übung macht den Meister.

Faustregeln für die Körpersprache

Wie bereits gesagt, ist es schwer, aus einzelnen Zeichen herauslesen zu wollen, was der andere wirklich denkt, fühlt und meint. Die folgenden Hinweise sollen Ihnen jedoch helfen, Ihre Beobachtungsgabe zu schärfen:

▶ **Stellung und Abstand zueinander:** Der normale Abstand in Mitteleuropa beträgt beim Stehen etwa eine Armlänge. Geht der Gesprächspartner plötzlich ein Stück zurück, hat das einen Grund. Meist sind Sie dann in seinen „inneren Kreis" geraten, einen Schutzkreis, den jeder Mensch um sich zieht.

▸ **Blickrichtung:** Üblicherweise schauen sich beide Gesprächspartner im Gespräch weitgehend in die Augen.
Wenn der Blick Ihres Gegenüber von Anfang an zum
Boden, an die Decke oder auf einen bestimmten anderen Gegenstand gerichtet ist, fehlt dem Gespräch sicher
Konzentration und Tiefe. Das hängt aber vermutlich
nicht mit Ihnen zusammen. Wenn der Blick Ihres Partners jedoch erst im Laufe des Gespräches abwandert,
wird es kritisch. Hier sollten Sie versuchen, die Ursache
herauszufinden. Ebenso unangenehm ist jedoch, sein
Gegenüber die ganze Zeit über anzustarren. Auch das
löst schnell Abwehrmechanismen aus. Ihr Blick sollte
daher gerade und aufrecht, aber auch flexibel sein.

▸ **Mimik:** Die Mimik eines Menschen ist sehr facetten-
reich. Hier lassen sich schwer allgemein gültige Zeichen
nennen. Entscheidend sind vor allem Veränderungen,
die mit anderen ablehnenden Signalen einhergehen.
Stirnrunzeln allein kann auch Konzentration bedeuten.
Im Zusammenhang mit einem großen Schritt nach hinten ist es aber eher als Ablehnung zu interpretieren.

▸ **Körperhaltung:** Interessant ist, ob Ihr Gegenüber sich
aufrecht oder gebückt präsentiert bzw. welche Veränderungen Sie wahrnehmen. Eine aufrechte Haltung spricht
für einen energiegeladenen Zustand. Ein Mensch in dieser Haltung hört zu, ist kreativ und geistig präsent. Sackt
er während des Gesprächs in sich zusammen, hat er einen kraftlosen Zustand angenommen. Diesen können
Sie durch einen Themenwechsel ausgelöst haben. Versuchen Sie in diesem Fall, wieder beim vorherigen, positiv besetzten Gesprächsgegenstand anzusetzen.

▸ **Stand:** Auch der Stand ist sehr aufschlussreich. Ob jemand fest dasteht, hin und her wackelt oder sein Gewicht nur auf ein Bein verlagert, gibt Aufschlüsse über den inneren Zustand eines Menschen. Die Redensarten: „Er steht mit beiden Beinen fest auf dem Boden", oder „Er schwankt wie ein Rohr im Wind", knüpfen nahtlos hier an.

▸ **Hände:** Auch die Hände verraten viel über den zugehörigen Menschen. Hände können in der Tasche vergraben, hinter dem Rücken verschränkt, schützend vor dem Bauch gefaltet sein, offen auf dem Tisch liegen oder sich frei gestikulierend und in Bewegung befinden. Im Allgemeinen fühlen wir uns wohler, wenn wir die Hände des Gegenübers sehen und wenn sich diese oberhalb der Gürtellinie befinden. Auch hier ist entscheidend, ob ein deutlicher Wechsel der Handhaltung im Gespräch stattfindet oder ob der Gesprächspartner die Hände von Anfang an zum Beispiel hinter dem Rücken versteckt hat.

Positive Signale senden

Natürlich empfangen Sie nicht nur körpersprachliche Zeichen – genauso senden Sie im Gespräch ständig eigene Signale, die Ihr Gegenüber interpretiert. Wenn Sie also gelangweilt sind, merkt dies oft auch Ihr Gesprächspartner und verschwindet plötzlich auf Nimmerwiedersehen.

Daher sollten Sie im Smalltalk einen Teil Ihrer Aufmerksamkeit abzweigen und auch noch sich selbst beobachten. Stimmt Ihr Blick? Wie ist Ihre eigene Körperhaltung? Klein-

gen Sie begeistert genug, wenn Sie einem potenziellen Kunden von Ihrem neuen Produkt berichten?

Natürlich spielt bei der Körpersprache nicht nur Ihre momentane Stimmung eine Rolle. Wenn Sie gerade eine Stressphase im beruflichen oder privaten Leben haben, wird das Ihre Art der Gesprächsführung beeinflussen. Sind Sie ein notorischer Pessimist und Skeptiker, wirken Sie anders, als wenn Sie jeden Morgen fröhlich Ihr eigenes Spiegelbild anlachen und die ganze Welt umarmen könnten.

In jedem Fall strahlen Sie Ihre derzeitige Stimmung auf Ihren Gesprächspartnern aus. Dieser erfährt unter Umständen mehr über Sie, als Ihnen bewusst ist. Daher empfehle ich Ihnen, auch Ihren eigenen Zustand zu managen. Möglich wird das mit den folgenden Tipps.

Vor dem Gespräch:

▸ Üben Sie vor dem Spiegel. Lachen Sie sich dort öfters einmal an. Probieren Sie aus, wie Sie sich fühlen, wenn Sie lachen. Was machen Bauch, Brust und Haltung?

▸ Kontrollieren Sie Ihre Gedanken. Wenn Sie in Problemen und negativen Überlegungen festhängen, dann brechen Sie aus. Lenken Sie Ihre Aufmerksamkeit auf positive Dinge. Das ist ganz einfach: das letzte schöne Wochenende, ein kürzliches Erfolgserlebnis im Job, der gestrige nette Abend mit einem Freund oder einer Freundin.

Während des Gespräches:

▸ Stehen Sie aufrecht, halten Sie die Schultern gerade, schauen Sie in die Augen Ihres Gegenübers.

▶ Lächeln Sie beim Sprechen.

▶ Wählen Sie bewusst positive Themen für den Einstieg, dadurch verbessert sich Ihre gesamte Körpersprache.

Auf den Punkt gebracht

▶ Ihre Körpersprache bestimmt zu großen Teilen Ihre Wirkung auf andere Menschen.

▶ Sie können aus der Körpersprache Ihres Gegenübers ablesen, wie das Gespräch bei ihm „ankommt".

▶ Gleichzeitig sollten Sie Ihre eigene Körpersprache bewusst kontrollieren, um die richtigen Signale zu senden.

▶ Die Deutung von Körpersprache funktioniert nur, wenn Sie den Zusammenhang oder die individuellen Zeichen Ihres Gegenübers kennen. Herausgelöste körpersprachliche Merkmale werden leicht fehlerhaft interpretiert.

▶ Körpersprache ist zum Beispiel wertvoll, um eine Verhaltensänderung beim Gesprächspartner zu bemerken. Diese kann unter anderem durch Langeweile, Ablehnung oder Skepsis ausgelöst werden.

Die besten Smalltalk-Themen

Wenn Sie mit einem unbekannten Menschen sprechen, laufen parallel sehr viele Prozesse ab. Sie und auch Ihr Gesprächspartner prüfen, testen und bilden sich eine Meinung. Obwohl das Gesagte an dieser Stelle – wie bereits erwähnt – zweitrangig ist, können Sie bei Ihrem Gegenüber mit einem negativen oder kritischen Thema eine Abwehrreaktion auslösen, was in der Folge zu Störungen im Smalltalk führen kann. Unter Umständen wendet sich Ihr Gesprächspartner sogar von Ihnen ab. Auch Meinungsbeiträge, zum Beispiel über politische Sachverhalte, können schnell das Aus Ihrer Unterhaltung bedeuten.

Vorsicht bei negativen Themen

Tabus beim Smalltalk sind Themen, die negative Botschaften oder Inhalte in sich tragen. Beispiele sind die schlechte Wirtschaftslage, ein aktueller politischer Skandal oder eine Katastrophe, über die kürzlich berichtet wurde.

Was passiert, wenn Sie einen Menschen mit negativen Inhalten konfrontieren? Ihr Gesprächspartner beschäftigt sich gedanklich sofort mit diesen Themen. Schnell wird er eigene Parallelen dazu in seinem Leben finden und sich diesen Zustand lebhaft vorstellen. Sprechen Sie zum Beispiel über die hohe Arbeitslosigkeit, überlegt Ihr Gegenüber vielleicht sofort, wie sicher sein eigener Job eigentlich ist. Er begibt sich dabei förmlich in einen „schlechten Zustand", wie es ein Kommunikationsforscher ausdrücken würde. Sie können dies sehr leicht beobachten: Ihr Gesprächspartner verändert seine Körperhaltung, sackt in sich zusammen, seine Mimik wirkt kraftlos.

Übung: Positiv und negativ besetzte Gesprächsthemen	
Wie fühlen Sie sich, wenn Sie die folgenden Zeilen lesen? Welche Reaktionen rufen sie in Ihnen hervor?	
▸ Wie geht es Ihnen, wenn Sie an eine aktuelle Negativschlagzeile aus der Zeitung oder den Nachrichten denken – ein Flugzeugunglück, ein Bürgerkrieg oder ein persönliches Schicksal. Achten Sie auf Ihre Körperhaltung und auf Ihr inneres Gefühl.	✓
▸ Machen Sie die Gegenprobe: Denken Sie an ein möglichst positives eigenes Erlebnis der jüngsten Vergangenheit – einen Lottogewinn, ein erfolgreich abgeschlossenes Projekt oder Ihren letzten Urlaub. Wie fühlt sich Ihr Körper jetzt an?	✓

Konfrontieren Sie einen Menschen mit negativ besetzten Themen und Inhalten, ist er kein guter Gesprächspartner mehr. Er ist abgelenkt, seine Kreativität ist gebremst, innerlich haben Sie beim ihm vielleicht sogar richtigen Stress erzeugt.

Ähnlich sieht es mit Tabuthemen wie Religion oder Politik aus. Stellen Sie sich einmal vor, dass Sie ein überzeugter Anhänger einer bestimmten Partei sind. Ihr Gesprächspartner beginnt auf einmal ungefragt, über diese Gruppierung zu lästern.

Was wird bei Ihnen passieren? Sie gehen wahrscheinlich automatisch in die Opposition. Selbst wenn Sie nichts sagen, wird sich Ihr ganzer Körper auf Abwehr oder sogar auf eine Auseinandersetzung einstellen. Sie schütten Adrenalin aus, verkrampfen sich und gehen vielleicht einen

Schritt zurück. Unbewusst werden Sie Ihren Gesprächspartner fortan sehr kritisch betrachten oder sogar das Gespräch abbrechen wollen – keine gute Ausgangsbasis für
Ihre weitere Beziehung.

Da Sie vermutlich nicht daran interessiert sind, solche Gefühle bei Ihrem Gegenüber zu erzeugen, empfehle ich
Ihnen, solche Themen im Smalltalk ganz einfach zu vermeiden.

Achtung Tabuthemen

Zu den negativ besetzten Gesprächsinhalten und typischen Dont's beim Smalltalk gehören unter anderem:

▸ politische Themen,

▸ religiöse Themen,

▸ Minderheitenthemen,

▸ Klatsch und Tratsch über dritte Personen oder Unternehmen,

▸ Negatives über die Gastgeberin oder den Gastgeber,

▸ abfällige Bemerkungen über Anwesende oder Be-
schwerden über das Buffet,

▸ Themen mit negativem Inhalt, besonders aus dem
Zeitgeschehen,

▸ Skandale aus den Medien.

Langeweile – der größte Gesprächskiller

Die nächste Todsünde beim Smalltalk sind Themen, die Ihr Gegenüber langweilen. Der sicherste Weg dorthin ist die eigene Krankheitsgeschichte. Wenn Sie daher den Häppchenteller ganz für sich alleine haben wollen, dann erzählen Sie am besten detailliert von Ihrer letzten Operation.

Auch mit ausführlichen Berichten über die eigenen Kinder können Sie sehr effektiv Menschen vertreiben. Frischgebackene Eltern – und das frisch gebacken sein reicht mitunter über Jahre und Jahrzehnte hinaus – verlieren manchmal den Blick dafür, was ihr Gegenüber in einem Smalltalk noch tolerieren will oder kann. Mit endlos erscheinenden Geschichten über Windeln oder Kinderkrankheiten gehen auf lange Sicht selbst treue Freunde auf Distanz, von neuen Bekannten ganz zu schweigen. Achten Sie daher in diesem Fall besonders auf Ausgewogenheit und beobachten Sie die Reaktion Ihres Gegenübers aufmerksam.

Natürlich sind Langeweile oder Begeisterung für Sie und Ihre Erzählungen nicht nur eine Frage der Themenauswahl. Wie Sie Ihre Gesprächspartner nachhaltig in Ihren Bann ziehen können und ernsthaftes Interesse an der eigenen Person wecken, erfahren Sie im Kapitel „Erfolgreiche Strategien und Taktiken".

Bevor wir dahin kommen, veranschauliche ich Ihnen aber zunächst einige weit verbreitete Negativbeispiele – und gebe Ihnen Tipps, wie Sie es in der Praxis besser machen können.

Negativbeispiele – so besser nicht

Die Grillwurst

Sandra hat zur Grillparty geladen. Drei ihrer besten Freundinnen sind momentan Singles, daher bittet sie neben einigen anderen Freunden auch Udo um sein Kommen. Udo, 34, sportliche Figur, leitender Angestellter eines namhaften Unternehmens, ist ebenfalls gerade solo. Sandra kennt ihn erst kurz. Udo versucht sich als Grillmeister. Die drei Freundinnen sitzen mit den anderen Gästen am Tisch.

Udo: „Jetzt zeig ich euch mal, wie man eine Wurst brät."

Anke: „Na, dann mal los."

Eva (lacht): „Typisch Mann, am Feuer kommen die Instinkte durch."

Jacqueline: „Die FAZ hat darüber einen spannenden Artikel veröffentlicht. Warum das Tier im Mann so aktiv ist ..."

Udo: „Klar, Grillen ist Männersache. Das ist nichts für zarte Frauenhände." (Schwungvoll schüttet er Bier ins Feuer).

Sandra: „Pass auf, dass das Feuer nicht ausgeht."

Udo: „Lass mich mal machen. Wenn der Udo grillt, lässt er nichts anbrennen." (Lacht etwas anzüglich zum Tisch herüber. Eva und Anke schauen sich an).

Udo (schnappt sich eine knackig braune Wurst und geht auf den Tisch zu): „So Mädels, wer hat denn Hunger? Hier zeige ich euch mal eine richtige Wurst (lacht wieder anzüglich, hält die Wurst auf Bauchhöhe und lässt sie leicht hin und her wippen). Diese Wurst werdet ihr nie vergessen."

Am Tisch macht sich betretenes Schweigen breit. Die Frauen schauen sich verwundert an.

Meine Expertenmeinung: Machosprüche und Anzüglichkeiten sind nicht immer gefragt. Damit läuft man leicht Gefahr, sich unbeliebt zu machen oder gar die Stimmung zu verderben. Frauen stehen nicht auf plumpe Anmachen, sie schätzen vielmehr ein niveauvolles Werben.

Udo hat hier so ziemlich alle Fehler gemacht, die möglich waren. Seine Initiative am Grill war noch begrüßenswert. Damit kann er sicher punkten, so etwas schätzen Gastgeberin und Gäste. Auch seine erste Bemerkung über die Wurst kann man noch als Witz auffassen. Die drei Frauen nehmen den Faden ja auch auf und fordern Udo mit einer Bemerkung heraus. Jacqueline erwähnt jedoch die FAZ. Für Udo wäre das eigentlich ein Hinweis darauf, dass er es mit selbstbewussten und informierten Gesprächspartnerinnen zu tun hat. Jetzt müsste eine schlagfertige und intelligente Bemerkung folgen.

Was aber macht Udo? Er senkt das Niveau ab. Mit diesen Sprüchen gewinnt er hier keinen Blumentopf. Vielmehr outet er sich als plumper Sprücheklopfer und wird an diesem Abend keine Sympathie gewinnen.

Das Handy

Die hier gezeigte Situation spielt sich auch wieder auf einer Feier ab. Einige Personen sitzen am Tisch in der Ecke und halten das Gespräch in Gang. Bisher lief alles gut. Fünf Gäste unterhalten sich angeregt über verschiedene Themen. Die Unterhaltung ist sehr lebhaft, alle sind beteiligt. Michael, Computerspezialist, saß bisher ruhig in der Ecke. Irgendwann fällt seiner Nachbarin, der charmanten Annette, das Handy auf, mit dem Michael seit einer Weile herumspielt.

Annette: „Was hast du denn da für ein Handy?"

Michael: „Das ist das neueste Handy der Marke ‚Telefon-innovation'."

Annette: „Toll, was kann es denn?"

Michael: „Hier ist eine super Funktion, mit der kann ich Texte richtig schnell schreiben." (Er holt einen Stift aus der Tasche und gibt einen Satz ein.)

Alex (beugt sich über den Tisch): „Zeig mal."

Michael: „Das ist eine Multifunktionswörtersuche. Wenn ich einen Buchstaben tippe, wird das umgebende Wortfeld angezeigt. Schaut mal (zeigt das Handy)."

Thomas: „Ist ja ganz spannend. Was machst du denn so?"

Michael. „Ich bin Programmierer. Das kann ich auf dem Handy auch machen. Mit dieser Funktion kann ich sogar Formeln erzeugen (wieder zeigt er sein Handy)."

Annette: „Wo arbeitest du denn?"

Michael (ignoriert Annette): „Und hier kann ich Bilder in den Text einbinden (er legt das Handy auf den Tisch und beginnt hektisch, hin und her zu schalten). Ich bin total begeistert von diesem Gerät. Was ich euch unbedingt noch zeigen muss ..."

Die meisten Zuhörer wirken genervt, nach kurzer Zeit steht der Erste auf, um sich ein neues Getränk zu holen – wie er sagt.

Meine Expertenmeinung: Michael ist ein Langweiler. Smalltalk ist nicht sein Ding, zudem kreist sein Denken vor allem um sein neues Handy. Von sich aus schaltet er sich nicht ins Gespräch ein. Als ihm Annette den Ball zuwirft, ergreift er begierig den Gesprächsfaden. Soweit, so gut. Doch dann macht er Fehler über Fehler. Ein paar Sätze über sein neues Handy wären sicher noch in Ordnung. Doch er übersieht, dass sich seine Zuhörer nur kurz dafür interessieren und andere Dinge von ihm wissen möchten. Er bleibt beim Thema Handy, denn hier fühlt er sich sicher. Zudem lenkt er von den anderen ab und zwingt die Zuhörer, sich einer Sache zuzuwenden. Dazu haben die meisten jedoch keine Lust. Das Interesse an ihm erlischt. Da er weiterhin versucht, das Gespräch zu dominieren, beginnen die Gesprächspartner, sich zu verabschieden. Michael wird heute ebenfalls keine Sympathie gewinnen.

Tag der offenen Tür

Die nächste Szene spielt auf dem Tag der Offenen Tür, den ein großes mittelständisches Unternehmen veranstaltet. Die Gäste stehen an mehreren Stehtischen, es gibt Getränke und ein leckeres Buffet. Einen Stehtisch wollen wir näher betrachten. Dort stehen fünf Personen, die sich alle nicht näher kennen.

Herr Maier: „Nettes Fest. Die geben sich wirklich Mühe."

Herr Neubauer: „Ja, schon. Doch der Chef ist ein ziemliches Schlitzohr."

Frau Schulze: „Wie meinen Sie das denn?"

Herr Neubauer: „Wissen Sie, ich arbeite hier. Da bekommt man einiges mit. Der Oberboss, Herr Huber, soll ein Verhältnis mit seiner neuen Sekretärin haben. Dabei ist er verheiratet und hat zwei Kinder."

Herr Maier: „Das können Sie doch nicht behaupten."

Herr Neubauer: „Doch. Wie ich schon sagte, ich arbeite hier. Das ist ein offenes Geheimnis."

> *Herr Maier: „Vielleicht wäre es besser, solche Behauptungen nicht in der Öffentlichkeit zu machen. Schließlich handelt es sich ja nur um ein Gerücht."*
>
> *Herr Neubauer: „Ich sage, was ich will. Daran werden auch Sie mich nicht hindern."*
>
> *In der Zwischenzeit wird Frau Schulze immer blasser.*
>
> *Herr Maier: „Ist bei Ihnen alles in Ordnung?"*
>
> *Frau Schulze (mit leiser Stimme): „Ich glaube schon. Wissen Sie, Frau Huber, die Frau vom Chef, ist meine beste Freundin." (Langsam verlässt Sie den Tisch).*

Meine Expertenmeinung: Herr Neubauer will sich unbedingt wichtig machen. Dafür nutzt er ein unbestätigtes Gerücht, welches im Unternehmen hinter vorgehaltener Hand kursiert. Seine Gesprächspartner halten jedoch nichts von unbestätigten Behauptungen. Herr Maier versucht daher, ihn zu bremsen – jedoch ohne Erfolg. Herr Neubauer wird sogar etwas aggressiv. Bei Frau Schulze trifft die Wichtigtuerei einen wirklichen Nerv, ist sie doch mit der betroffenen Frau des Chefs persönlich verbunden.

Kurz gefasst begeht Herr Neubauer alle Fehler, die man beim Smalltalk nur machen kann. Freunde wird er bei dieser Gelegenheit jedenfalls keine finden.

Der Arbeitslose

Kundentermin: Herr Kunz und Herr Hinze sind zu Gast bei der Firma Grünbau und sprechen dort mit Herrn Müller und Herrn Wegemeister. Es geht um den Einkauf neuer Lkws für den Transport von Erde. Die Herren stehen locker zusammen, weil sich der Geschäftsführer verspätet.

Kunz: „Na, Kollegen, wie stehen die Aktien denn so?"

Müller: „Wir sind ganz zufrieden. Zurzeit haben wir mehr Arbeit, als wir verkraften können. Die Auftragsbücher sind voll."

Hinze: „Sag ich es doch. Die Wirtschaft zieht wieder an."

Wegemeister: „Da gebe ich Ihnen Recht."

Hinze: „Gestern im Fernsehen habe ich einen Bericht über Arbeitslose gesehen, ganz schön krass."

Wegemeister: „Wie meinen Sie das denn?"

Hinze: „Na ja, viele Arbeitslose sind einfach faul. So haben sie es im Fernsehen zwar nicht gesagt, aber ich denke mir meinen Teil."

Kunz: „Gerd, vielleicht sollten wir das Thema wechseln."

Hinze: „Nein, das kann man wirklich laut sagen. Ich halte nichts von diesen Faulpelzen. Wer arbeiten will, der findet auch etwas."

Wegemeister (leise): „Mein Schwager wurde vor drei Monaten im Alter von 51 Jahren entlassen. Er hat schon 30 Bewerbungen geschrieben, findet aber einfach nichts. Der arme Kerl tut mir richtig leid."

In der Runde macht sich betretenes Schweigen breit.

Meine Expertenmeinung: Herr Schulze hat gerade den Verkaufserfolg seines Teams infrage gestellt. Mit seiner undifferenzierten Art und seiner oberflächlichen Meinung über Arbeitslose hat er seinen Geschäftspartner, Herrn Wegemeister, direkt brüskiert und eine negative Stimmung geschaffen. Herr Wegemeister ist von dem Thema persönlich betroffen, schließlich hat Herr Hinze soeben indirekt seinen Schwager beleidigt.

für die bevorstehende Verhandlung ist jedoch ein positives Gesprächsklima erfolgsentscheidend. Herr Kunz, der so etwas wohl geahnt hat, versucht seinen Kollegen noch zu stoppen, aber Herr Hinze ignoriert diesen Einwand und redet sich um Kopf und Kragen.

Ähnlich kritisch sind negative Bemerkungen über andere Tabuthemen zu bewerten:

▶ Abfällige Ansichten über religiösen Minderheiten bewirken auch bei Menschen, die einer anderen Religionsgemeinschaft angehören, ein negatives Gefühl.

▶ Negative Bemerkungen über Ausländer oder bestimmte Volksgruppen rufen auch bei Einheimischen ein zwiespältiges Gefühl hervor.

▶ Dasselbe gilt für Homosexualität. Intolerante Meinungen lösen in der Regel Betroffenheit bei allen Anwesenden aus.

Ich lege Ihnen daher dringend ans Herz, Tabuthemen beim Smalltalk oder anderen Gesprächen vollständig auszuklammern. Das wird Ihrem Gesprächserfolg sehr zugutekommen.

Einstiegsthemen – die Klassiker

Nachdem wir jetzt diejenigen Themen aussortiert haben, die sich nicht für den Smalltalk eignen, bleibt die Frage, worüber Sie bedenkenlos reden dürfen.

Starten Sie mit völlig unverbindlichen Themen und tasten Sie sich von dort aus langsam vor. Aus diesem Grund ist das Wetter immer noch der Smalltalk-Klassiker schlechthin.

Darüber hinaus bieten sich tagesaktuelle Themen sehr gut an. Ich rate Ihnen daher dringend, für Smalltalk-Zwecke nicht nur im gehobenen Rahmen gelegentlich eine Zeitung zu lesen oder sich anderweitig über aktuelle Entwicklungen im In- und Ausland zu informieren. Wenn Sie inhaltlich „up to date" sind, fällt Ihnen auch das Mitreden viel leichter.

Das Wetter

„Ganz schöner Regen da draußen." Klar, das haben Sie auch schon bemerkt. Eine Ihrer Antworten ist vielleicht: „Ja, vorhin bin ich ziemlich nass geworden", worauf Ihr Gegenüber antwortet: „Nächste Woche soll es besser werden."

Mit dem Wetter können Sie einen Smalltalk immer eröffnen – allerdings kann es Ihnen passieren, dass Sie bereits der Dritte oder Vierte sind, der Ihr Gegenüber auf diese Weise anspricht. Verwenden Sie dieses Thema also lediglich als Noteinstieg, wenn Ihnen überhaupt nichts anderes einfällt.

Versuchen Sie es jedoch lieber etwas geistreicher, denn obwohl Smalltalk nur eine Brücke zu Ihrem Gesprächspartner aufbauen soll und noch kein echter inhaltlicher Austausch ist, geben Sie natürlich mit Ihrer Eröffnung Niveau und Tempo für die folgende Unterhaltung vor. In meinen Seminaren höre ich immer wieder, dass viele Teilnehmer den Einstieg über das Wetter als negativ empfinden.

Natürlich zählt auch der Klatsch und Tratsch in den Medien zu den erlaubten Themen und eignet sich manchmal sogar sehr gut für einen gelungenen Gesprächsauftakt.

Weitere Beispiele für einen gekonnten Einstieg sind:

- In der Bahn: „Wie ich sehe, haben Sie die Bahncard 50. Rechnet sie sich bei Ihnen?"

- Vor dem Kino: „Hier ist sicher das Ende der Schlange. Wie lange stehen Sie denn schon an?"

- Zwischen zwei Männern: „Haben Sie gehört, Michael Schumacher fährt jetzt Motorradrennen. Gestern habe ich einen seiner Auftritte gesehen. Das war spannend."

- Zwischen zwei Frauen: „Ich habe erfahren, dass ein zweiter Kinofilm von Sex and the City gedreht wird."

- Im Flieger: „Die Maschine ist heute mal wieder voll bis auf den letzten Platz. Wann haben Sie denn gebucht?"

Auf den Punkt gebracht

- Smalltalk sollte positiv sein. Vermeiden Sie alles, was negative Assoziationen auslösen könnte – solche Themen lenken Ihre Gesprächspartner ab.

- Kritische Themen, wie Meinungen über Politik oder Religion, können ein Abwehrverhalten auslösen.

- Weitere Tabuthemen sind Minderheiten, Klatsch und Tratsch über Dritte oder den Gastgeber.

- Gute Smalltalk-Themen sind tagesaktuelle Ereignisse, Themen mit direktem Bezug zum Gesprächspartner bzw. zum Event oder witzige Bemerkungen.

- Das Wetter ist zwar ein gängiger Smalltalk-Einstieg, aber auch ein sehr langweiliger.

- Vermeiden Sie „trockene" Themen oder eine einseitige Gesprächsführung.

Erfolgreiche Strategien und Taktiken

Eingangs haben wir ja schon verschiedene Szenarien besprochen, in denen Ihnen die Fähigkeit zum lockeren Smalltalk Vorteile verschaffen kann – sowohl privat als auch beruflich. In diesem Kapitel will ich dieses Thema nochmals aufgreifen und Ihnen verraten, wie Sie sich gezielt auf wichtige Anlässe und Gespräche vorbereiten können, um dort erfolgreich mit Menschen ins Gespräch zu kommen.

Die folgenden Tipps werden Ihnen helfen, Ihr Vorhaben zu erreichen:

▸ **Definieren Sie Ihre Ziele!**

Nur wenn Sie eine klare Vorstellung von Ihren Zielen haben, werden Sie diese auch tatsächlich realisieren können. Überlegen Sie, was genau Sie von Ihren Gesprächspartnern erfahren möchten. Was können Sie im Gegenzug potenziell wichtigen Menschen anbieten? Wie lautet Ihre genaue Botschaft?

Die gefährdete Versetzung

Ist es Ihr Ziel, die Lehrerin davon zu überzeugen, dass sie Ihren Sprössling doch noch versetzt, obwohl seine Mathematiknote auf der Kippe steht? Dann überlegen Sie:

▸ *Was wissen Sie über die Person?*

▸ *Wie kommen Sie mit ihr am leichtesten ins Gespräch?*

▸ *Mit welchen Argumenten können Sie sie von Ihrem Vorhaben überzeugen?*

▸ **Üben Sie Ihre Aussage!**

Können Sie die Botschaft, die Sie einem wichtigen Gesprächspartner weitergeben möchten, in zwei oder drei knackigen Sätzen auf den Punkt bringen?

▸ **Sprechen Sie andere gezielt an!**

Konzentrieren Sie sich auf Ihr Ziel: Informieren Sie sich vorab, wer von den Gästen für Sie interessant sein könnte. Lassen Sie sich durch den Gastgeber oder durch Bekannte bei Ihren Zielpersonen vorstellen.

> **!** Brechen Sie Gespräche frühzeitig und elegant ab, die bei Ihnen Langeweile verursachen oder die Ihnen nicht nutzbringend erscheinen.

▸ **Führen Sie das Gespräch!**

In jedem Gespräch sollte jemand die Initiative ergreifen. Wenn Sie merken, dass Ihr Gegenüber und Sie selbst durch Smalltalk ausreichend aufgewärmt sind, kommen Sie zur Sache. Steuern Sie das Thema in die Richtung, die Sie interessiert. Stellen Sie Fragen, übernehmen Sie die Initiative.

Der Elevator Pitch

Mit dem Elevator Pitch ist die Fähigkeit gemeint, sich mit seinem Anliegen in drei Sätzen treffend und überzeugend an den Mann oder die Frau zu bringen, sodass diese Person Interesse an Ihnen entwickelt und sofort weiß, ob sich der Kontakt lohnt.

Eine amerikanische Erfolgsgeschichte

Erfunden wurde der Elevator Pitch in Amerika. Bob C. Mayer arbeitete in der Buchhaltung eines großen Konzerns und hatte eine geniale Idee, wie sein Unternehmen viel Geld sparen könnte. Natürlich wollte er damit nicht zu seinem direkten Vorgesetzten gehen – aus Angst, dieser würde am Ende die Lorbeeren selbst einheimsen. Also nahm er sich vor, seine Idee ganz „oben" zu präsentieren – beim Vorstandsvorsitzenden persönlich. Er bemühte sich um einen Termin, wurde aber stets abgewiesen. Keine Zeit, nicht wichtig genug und vieles mehr bekam Herr Mayer zu hören.

Bob C. Mayers Büro befand sich im zwölften Stock eines großen Bürohochhauses, der Vorstand arbeitete weit über ihm in der 30sten Etage. Der Fahrstuhl brauchte bis in den zwölften Stock etwa 30 Sekunden.

Eines Tages kam seine große Chance. Herr Mayer betrat wie jeden Morgen den Expresslift, der ihn zu seinem Arbeitsplatz brachte. Kurz bevor die Tür zu glitt, quetschte sich noch ein schlanker, gut gekleideter Mann hindurch und stand mit Herrn Mayer alleine im Lift: der Vorstandsvorsitzende.

Bob C. Mayer konnte sein Glück kaum fassen. Er hatte jetzt eine halbe Minute Zeit, dem Boss persönlich seine Idee zu präsentieren und damit vielleicht seine Karriere entscheidend zu beflügeln.

Es ist nicht bekannt, wie die Geschichte konkret ausging. Wir wissen jedoch, dass sich Herr Mayer kurze Zeit später selbstständig machte und viel Geld damit verdiente, Menschen seinen Elevator Pitch beizubringen.

Wie sähe der optimale Elevator Pitch für Bob nun aus? Eine mögliche Vorgehensweise ist die folgende:

▸ „Guten Tag, mein Name ist Bob Mayer."

▸ „Ich arbeite in der Buchhaltung und mache mir schon seit längerer Zeit Gedanken, wie wir Geld einsparen können."

▸ „Vor einiger Zeit bin ich auf eine, wie ich finde, geniale Idee gekommen, mit der sich die Kosten in meiner Abteilung um etwa 20 Prozent senken ließen. Möchten Sie die Idee hören? "

Jetzt müsste der Vorstandsvorsitzende anbeißen. Natürlich sollte Bob seine Idee anschließend in derselben knappen Art und Weise präsentieren können, wie er bei seinem Chef Aufmerksamkeit erregt hat. Wenn der erste Schritt erfolgreich war, wird ihm dies jedoch sicherlich auch gelingen.

Die gelungene Kurzpräsentation

Die erfolgreiche Kurzpräsentation, Ihr persönlicher Elevator Pitch, erfolgt am besten nach dem unten geschilderten Schema:

1. Wer bin ich?

2. Was biete ich an?

3. Was suche ich?

Diese Abfolge können Sie überall dort einsetzen, wo Sie sich beruflich oder auch privat um etwas bewerben, etwas erreichen möchten oder jemanden von sich bzw. einem Projekt überzeugen wollen.

- ▸ *„Mein Name ist Andreas Müller."*
- ▸ *„Ich arbeite in der Gesundheitsbranche und biete ergo-nomische Bürostühle an."*
- ▸ *„Daher bin ich auf der Suche nach Unternehmen, die in die Gesundheit ihrer Mitarbeiter investieren möchten und keine Lust auf Rückenschmerzen und Ausfälle durch Krankheit haben."*

oder:

- ▸ *„Mein Name ist Lina Schneider."*
- ▸ *„Ich bin neu hier und treibe sehr viel Sport."*
- ▸ *„Im Moment suche ich einen Partner oder eine Partnerin zum Joggen am Wochenende."*

oder:

- ▸ *„Ich bin Otto Wegener und leite die Werbeagentur We-gener und Partner."*
- ▸ *„Wir sind auf mittelständische Unternehmen spezialisiert und machen vor allem ausgefallene und originelle Wer-bung, die die Kunden auch wirklich anspricht."*
- ▸ *„Daher suchen wir Firmen, die Lust auf neue, innovative Wege in der Werbung haben."*

Üben Sie diese Kurzpräsentation, wenn Sie beruflich häufig an Netzwerktreffen teilnehmen. Dort haben Sie Gelegenheit, mit vielen Menschen zu sprechen. Daher ist es wichtig, dass Sie Ihre Botschaft schnell und knackig an den Mann oder die Frau bringen.

Die Kontaktaufnahme ist gelungen! Jetzt gilt es, den Smalltalk in Gang zu halten und die Unterhaltung zu vertiefen. Doch häufig passiert das ganze Gegenteil: Der mühsam geknüpfte Gesprächsfaden wieder reißt. Die beteiligten Personen stehen etwas verloren nebeneinander und versuchen krampfhaft, wieder ins Gespräch zu kommen und ein neues Thema zu finden. Was also tun?

Zuerst einmal stellt sich die Frage, ob Sie den Smalltalk tatsächlich fortführen möchten. Vielleicht ist die Pause ja auch ein Zeichen dafür, das Gespräch an dieser Stelle abzubrechen. Kommen Sie zu dem Entschluss, dass es sich lohnt, die Konversation weiter auszubauen – zum Beispiel weil die Bahnfahrt noch zwei Stunden dauert, Sie das Gefühl haben, dass sich Ihr Partner auch gern unterhalten möchte oder weil Sie aus beruflichen Gründen unbedingt mit Ihrem Gegenüber ins Gespräch kommen wollen.

Ändern Sie in diesem Fall Ihre Taktik: Steuern Sie direkt auf Ihr Ziel zu. Vielleicht haben Sie bisher nur sehr allgemeine Fragen gestellt und Ihr Gegenüber konnte damit nichts anfangen. Oder er ist einfach nicht sehr gesprächig und fand es noch nicht der Mühe wert, viel zu sagen.

!

Beruf oder Heimatstadt

Meiner Erfahrung zufolge reden 80 Prozent aller Menschen gern über Ihren Job und die fehlenden 20 Prozent über Ihre Heimatstadt.

Starten Sie mit einer konkreten Frage. Versuchen Sie zum Beispiel, alles über den Job Ihres Gesprächspartners herauszufinden. Oder über die Stadt, in der er lebt. Mit direkten Fragen locken Sie die meisten Menschen aus der Reserve. Kaum einer wird sich davor verschließen. Natürlich müssen Sie darauf achten, ob Ihr Gegenüber auch tatsächlich über das gewählte Thema sprechen möchte.

Weitere forcierte Einstiegsmöglichkeiten sind:

Was machen Sie beruflich?

Sie: „Was machen Sie denn beruflich?"

Ihr Gegenüber: „Ich verkaufe Softwarelösungen für Krankenhäuser".

Sie: „Toll! In welchem Teil Deutschlands arbeiten Sie momentan?"

Ihr Gegenüber: „Ich bin für das Emsland zuständig."

Wenn Sie nicht über Software sprechen möchten, schneiden Sie einen anderen Aspekt an. Zum Beispiel die Hotellerie.

Sie: „Emsland? Gibt es dort genügend Hotels? Wo übernachten Sie, wenn Sie unterwegs sind?"

Und schon haben Sie mehrere Optionen, wie Sie das Gespräch fortsetzen können.

Wo leben Sie?

Sie: „Wo wohnen Sie denn?"

Ihr Gegenüber: „In Köln."

Sie: „Dann verraten Sie mir doch mal eine Sache: Wie erleben Sie die Karnevalszeit in Ihrer Heimatstadt?"

Diese Frage sollte jeden eingefleischten Kölner aus der Reserve locken.

Auf den Punkt gebracht

▸ Planen Sie Ihren Smalltalk strategisch.

▸ Machen Sie sich bewusst, was Sie im geplanten Gespräch erreichen möchten.

▸ Üben Sie das, was Sie sagen wollen.

▸ Sprechen Sie auf Businesstreffen gezielt Menschen an, die Ihnen einen Nutzen versprechen.

▸ Führen Sie das Gespräch und bringen Sie die für Sie wichtigen Punkte zur Sprache.

▸ Lernen Sie, Ihr Anliegen in 30 Sekunden überzeugend vorzubringen. Diese Technik nennt sich Elevator Pitch.

▸ Wichtige Punkte in Ihrer Kurzpräsentation sind: „Wer bin ich?", „Was biete ich?" und „Was suche ich?"

▸ Halten Sie den Smalltalk permanent in Gang.

▸ Wechseln Sie das Thema, wenn Sie nicht mehr weiterkommen.

▸ Suchen Sie Gemeinsamkeiten zum Gegenüber.

▸ Steuern Sie Ihr Gesprächsziel direkt an, wenn die Unterhaltung versiegt.

Die häufigsten Fehlerfallen

Manche Menschen nerven. Sie fallen auf Partys, bei Businesstreffen oder im Urlaub durch verschiedene unangenehme Eigenschaften auf. Meist scheinen sie ihr Fehlverhalten allerdings gar nicht zu bemerken – aber die Umgebung reagiert schnell mit Ablehnung oder zieht sich unauffällig zurück.

Es ist nicht einfach, seine Wirkung auf andere Menschen richtig einzuschätzen. Ich empfehle Ihnen jedoch eindringlich, sich gelegentlich zu fragen, welche Reaktionen Sie beim Smalltalk auslösen. Dazu ist es wichtig, sich selbst und das Verhalten seiner Gesprächspartner aufmerksam zu beobachten und zu reflektieren.

> Wenn Sie merken, dass Sie beim Smalltalk stets nach ein paar Minuten stehen gelassen werden und nie tiefer gehende und spannende Gespräche führen, wird es Zeit, die Ursachen zu erforschen.

Belehren Sie nicht

Manchen Menschen wissen alles besser. Sie geizen nicht mit Tipps und erklären ständig und immer, wie alles besser geht.

Sie geben ihre Ratschläge bereitwillig preis, mischen sich ein und machen Optimierungsvorschläge – jederzeit und überall – gern auch einmal ungefragt. Sie wollen ja schließlich nur helfen.

Die Besserwisserin

Frau Maier lädt ihre neue Nachbarin, Frau Schulze, zum Kaffee ein. Das Gespräch entwickelt sich folgendermaßen:

Frau Maier: „Was macht denn Ihr neuer Garten?"

Frau Schulze: „Oh, gut, der bereitet uns viel Spaß. Morgen will ich Gemüse pflanzen."

Frau Maier: „Da müssen Sie unbedingt Zucchini nehmen. Die wachsen hier sehr gut."

Frau Schulze: „Zucchini, die mag ich überhaupt nicht."

Frau Maier: „Doch, doch. Probieren Sie die mal. Außerdem empfehle ich Ihnen, sie an der Gartenmauer zu pflanzen."

Frau Schulze: „Aber da sollten Blumen hin ..."

Frau Maier: „Nein, setzen Sie das Gemüse dorthin. Blumen können Sie vorn an der Front platzieren."

Frau Schulze: „Ja, aber ..."

Frau Maier: „Nein, machen Sie mal. Ich kenne Ihren Garten noch sehr gut von der Vormieterin und weiß, was an welcher Stelle gut aussieht. Vertrauen Sie mir. Außerdem wollte ich Ihnen noch sagen, dass Sie die Mülleimer besser hinten hinstellen ..."

Wie würden Sie sich fühlen, wenn Sie Frau Schulze wären? Sicher etwas unbehaglich. Vor allem werden Sie wahrscheinlich nicht mehr so schnell wieder zum Kaffee kommen.

Frau oder Herr Maier gibt es jedoch ziemlich oft. Sie fallen beim Smalltalk meist schnell auf, weil Sie sich oft nur ein paar Minuten zurückhalten, bevor sie beginnen, ihre Umgebung mit guten Ratschlägen zu versorgen.

Tipps sollten Sie nur erteilen, wenn Sie ausdrücklich darum gebeten werden. Wenn Sie es dennoch nicht lassen können, kleiden Sie Ihre Ratschläge in kleine eigene Geschichten. Frau Maier könnte zum Beispiel sagen: „Vor ein paar Jahren habe ich Gemüse am Gartenzaun angepflanzt. Durch den ständigen Wind ist dort jedoch überhaupt nichts gewachsen. Dann bin ich auf die Idee gekommen, die Gartenmauer als Windschutz zu verwenden. Was glauben Sie, wie viel wir auf einmal geerntet haben."

Alternativ können Sie den anderen auch taktvoll fragen, ob er auf Ihre Meinung Wert legt: „Sollten Sie Gemüse anpflanzen wollen, habe ich einen heißen Tipp für Sie. Sind Sie daran interessiert?" Wenn Frau Maier jetzt noch die Antwort abwartet und ihre Frage nicht nur als rhetorische Floskel versteht, hört ihr Frau Schulze sicher gern zu.

Spielen Sie nicht den Alleinunterhalter

Dialog bedeutet, dass zwei Menschen sprechen. Manche verwechseln ein solches Zwiegespräch jedoch leider mit dem Monolog. Sie reden und reden und ignorieren sehr ausdauernd alle Zeichen ihres Gegenübers, die auf gähnende Langeweile hindeuten. Irgendwann steht der Dauerredner dann wieder allein da und sucht sich ein neues „Opfer".

Manche Alleinunterhalter schaffen es mit Leichtigkeit, eine ganze Gruppe zu fesseln. Stellen Sie sich vor, Sie gehen auf eine Veranstaltung, um neue Leute kennen zu lernen. Dort scharen sich alle Gäste um eine Person, die deutlich im Mittelpunkt steht und alle Gespräche dominiert. Eine Weile hören Sie vielleicht fasziniert zu. Doch irgendwann erinnern Sie sich wieder an Ihr Ziel und sind frustriert. Das war mit Sicherheit kein guter Abend für Sie und neue Bekannte haben Sie auch nicht gefunden.

Der andere Typ Alleinunterhalter ist auf Zweiergespräche spezialisiert. Typischerweise tritt er oft so auf wie im folgenden Beispiel geschildert.

Der Alleinunterhalter

Otto ist bei Freunden eingeladen und sitzt neben Dieter.

Otto: „Hallo, ich bin Otto. Nette Party hier."

Dieter: „Ja, kann man so sagen. Ich heiße übrigens Dieter. Ich gehöre quasi zum Mobiliar." (lächelt)

Otto: „Ach, wirklich, wie ..."

Dieter: „Ja, ich kenne die Susanne, die da vorne sitzt, schon seit mindestens zwölf Jahren. Das waren noch Zeiten ..."

Otto: „Susanne, ja über die bin ich auch herge..."

Dieter: „Weißt du, wir kennen uns noch von der Uni. Das war eine wilde Zeit damals. Nächtelang durchgefeiert, viel Spaß gehabt, nicht so lasch wie heute."

Otto: „Was hast du denn studiert?"

Dieter: „Theologie. Ich wollte eigentlich mal Missionar werden, aber das war mir dann doch zu anstrengend. Jetzt arbeite ich in der Erwachsenenbildung. Da erlebe ich immer Dinger. Weißt du, was vergangene Woche dort passiert ist ..."

Otto: „Theologie ist ja interessant. Ich habe Maschinenbau gelernt. War ganz schön ..."

Dieter: „Lass mich noch zu Ende erzählen. Bei mir im Kurs habe ich einen ..."

So geht es noch eine Weile weiter, bis Dieter glücklicher-weise auf die Toilette muss. Otto fängt ein Gespräch mit seiner anderen Nachbarin an und als Dieter zurückkommt, ignoriert er ihn bewusst.

Auch Dieters gibt es viele. Sie hören nicht zu, besitzen einen ungeheuren Drang, ihre Geschichten zu erzählen und haben kein Gefühl dafür, ob sich der andere in ihrer Gesellschaft langweilt. Ihnen kommt dabei sehr entgegen, dass wir meist zu gut erzogen sind, um sie schnell wieder loszuwerden. Lieber hören wir zu, schalten auf Durchzug und warten ab, bis sie von alleine wieder aufhören – weil wir uns nicht trauen, das Gespräch sofort abzubrechen.

Es ist spannend, wie oft wir solche Gespräche mitbe-kommen. Hören Sie einmal aufmerksam zu, wenn Sie im Zug oder Bus unterwegs sind oder im Café sitzen. Manch-mal kommen Sie aus dem Staunen nicht mehr heraus, wie einseitig einige Unterhaltungen verlaufen.

Wie geht es dem „Opfer"? Nach einer Weile fühlt es sich frustriert oder gar missbraucht. Irgendwann hört es meist nicht mehr zu, sondern sinnt nur noch darüber nach, wie es das Gespräch taktvoll beenden kann. Und beim näch-sten Kontakt wird es alles Menschenmögliche unterneh-men, um kein Gespräch mit Dieter beginnen zu müssen.

Achten Sie darauf, dass Ihr Gesprächspartner regel-mäßig ins Spiel kommt. Natürlich dürfen Sie auch einmal erzählen und den Ball in Ihrer Hälfte des Feldes lassen. Geben Sie Ihrem Gegenüber aber immer wie-der einen Pass zurück und hören Sie dann aufmerk-sam zu. Ihr idealer Redeanteil beträgt fünfzig Prozent.

Die Pingpong-Unterhaltung

Zwei Mütter treffen sich am der Käsetheke …

Hilde: „Nett, dich zu treffen. Wie geht es dir?"

Trude: „Gut, und dir?"

Hilde: „Stell dir vor, Susi hat eine Eins in Mathe bekommen."

Trude: „Das ist ja klasse. Ralph hat auch eine Eins mit nach Hause gebracht, in Sport."

Hilde. „Toll. Susi habe ich gestern zum Kreativschwimmen angemeldet."

Trude: „Ralph war bei den Pfadfindern. Ich glaube, ich schicke ihn regelmäßig dorthin."

Hilde: „Weißt du was, wir wollen am nächsten Wochenende mal an die Ostsee fahren."

Trude: „Das ist sicher toll. Wir waren vor zwei Wochen in den Bergen …"

Das Gespräch geht sicher noch eine Weile so weiter. Bei dieser Unterhaltung kann man allerdings nicht wirklich von einem Dialog sprechen, es sind vielmehr zwei separate Monologe, die parallel geführt werden. Jede der beiden Mütter ringt um die Aufmerksamkeit der anderen, doch keine der beiden hört wirklich zu. Der Ball geht wie beim Pingpong von einer Seite zur anderen, ohne irgendwo zu verweilen.

Hüten Sie sich vor solchen Situationen. Anschließend werden die Gesprächspartnerinnen mit einem leeren Gefühl auseinandergehen. Die Unterhaltung hat keiner von beiden Spaß gemacht. Dennoch gibt es derartige Gespräche sehr häufig.

Konzentrieren Sie sich in den nächsten Gesprächen, die Sie führen werden, ganz bewusst auf das Zuhören. Dafür empfehle ich Ihnen die folgende Übung.

Übung: Lernen Sie zuhören	
▸ Suchen Sie eine passende Gelegenheit, bei der Sie mit einem fremden Menschen ins Gespräch kommen.	✓
▸ Nehmen Sie sich vor, dass Sie mindestens drei neue Fakten über Ihren Gesprächspartner herausfinden.	✓
▸ Stellen Sie vor allem Fragen und hören Sie aufmerksam zu.	✓
▸ Vermeiden Sie es, die Antworten Ihres Gegenübers zu kommentieren oder eigene Beiträge zum Gesprächsthema zu liefern.	✓
▸ Denken Sie mit. Steuern Sie das Gespräch bewusst mit Fragen in eine andere Richtung oder erfragen Sie Dinge, die Sie interessieren.	✓
▸ Bestätigen Sie die Antworten des Gegenübers körpersprachlich durch Nicken, aktive Zuwendung oder andere Signale.	✓
Achten Sie darauf, was in diesen Gesprächen anders verläuft als sonst.	
▸ Wie gut gelingt Ihnen die Steuerung des Gesprächs?	✓
▸ Wie verhält sich Ihr Gegenüber?	✓
▸ Wie schwer fällt es Ihnen, Ihr Bedürfnis nach eigener Mitteilung zu unterdrücken?	✓

Wenn Sie diese Übung häufiger durchführen, werden Sie merken, dass Ihnen das Zuhören immer leichter fällt.

Geben Sie nicht zu viel preis

Viele Menschen reden beim Smalltalk schlichtweg zu viel und plaudern damit unbewusst Dinge aus, die ihnen später leidtun. Gerade im beruflichen Umfeld kann dies fatale Folgen haben, wenn Sie

▸ einem Kollegen die wahre Meinung über Ihren Chef mitteilen,

▸ dem Mitbewerber brisante Informationen ausplaudern oder

▸ Ihrem Nachbarn, der bei der Steuerfahndung arbeitet, Details über Ihre Anlagen in Liechtenstein verraten.

Warum neigen wir dazu, leichtfertig vertrauliche Informationen preiszugeben? Der Grund ist ganz einfach: Wenn uns ein Mensch aktiv zuhört und sich mit uns beschäftigt, fühlen wir uns wertgeschätzt. Der andere nimmt sich Zeit für uns. Daher bauen wir binnen kürzester Zeit ein enormes Vertrauensverhältnis zu dieser Person auf. Häufig entsteht genau aus diesem Gefühl heraus in uns ein dringendes Bedürfnis, dieser Person mit intimen Informationen unser Vertrauen zu versichern und damit weitere Anerkennung zu erhalten.

Geübte Journalisten zum Beispiel kennen dieses Verhaltensmuster und sind oft versiert darin, ihrem Gesprächspartner bei einem vermeintlich harmlosen Smalltalk heikle Informationen zu entlocken. Aber auch bei vielen anderen Gelegenheiten ist Ihr Gegenüber vielleicht längst nicht so lammfromm, wie Sie glauben. Selbst wenn Ihr Gegenüber Sie nicht aushorcht, will er diese Informationen vielleicht gar nicht wissen oder keine intimen Details erfahren.

Seien Sie daher extrem vorsichtig mit der Weitergabe Ihres „Insiderwissens". Halten Sie den Erstkontakt mit einem unbekannten Gesprächspartner bewusst an der Oberfläche – besonders wenn sich Ihre Unterhaltung um berufliche Dinge dreht. Setzen Sie persönliche oder intime Themen taktisch ein, lassen Sie sich aber nicht zum Plaudern verführen.

Dabei ist es besonders wichtig, dass Sie die Kontrolle über sich behalten und selbst merken, wenn es kritisch oder peinlich wird. Wechseln Sie dann elegant das Thema und kehren Sie auf harmloseres Terrain zurück.

Hände weg von zu viel Alkohol!

Unter Alkoholeinfluss neigen Menschen noch leichter zu Plaudereien und Peinlichkeiten als im nüchternen Zustand. Ich habe diesbezüglich schon extrem unangenehme Situationen erlebt, wenn mir angetrunkene Kollegen oder Kunden ungefragt intime Details oder Meinungen anvertraut haben, die mich überhaupt nicht interessierten.

Daher mein Tipp: Kontrollieren Sie vor allem auf beruflichen Feiern und Events Ihren Alkoholkonsum und trinken Sie wirklich nur so viel, dass Sie noch einen klaren Kopf behalten.

Auch wenn Sie vielleicht am nächsten Tag vergessen haben, was sich am Vorabend alles abgespielt hat, wird es Ihr Chef, Ihr Kollege oder Ihr Kunde vielleicht noch umso besser in Erinnerung haben. Eine unangenehme Situation!

Lernen Sie Nein sagen

Manche Menschen neigen dazu, Sie beim Smalltalk oder in einem anderen Gespräch gezielt auszufragen: „Was verdienen Sie denn so?" oder „Wie kommt Ihr Unternehmen mit dem neuen Kunden zurecht?" sind Fragen, die Sie völlig unerwartet massiv unter Druck setzen können.

Wie gehen Sie mit Fragen um, die Sie nicht beantworten möchten? Verschiedene Strategien sind möglich:

▶ „Tut mir leid, aber darüber möchte ich nicht sprechen."

  Die klare und deutliche Absage ist manchmal angebracht, aber natürlich nicht immer sehr diplomatisch. Doch damit verweisen Sie aufdringliche Frager am schnellsten in ihre Schranken.

▶ „Ja, wissen Sie, mit meinem Gehalt bin ich sehr zufrieden. Was verdienen Sie denn?"

  Eine ausweichende Antwort mit einer Gegenfrage eröffnet Ihnen die Möglichkeit, selbst die Initiative zu übernehmen. Allerdings müssen Sie dann auch im weiteren Gesprächsverlauf die Oberhand behalten.

▶ „Gehalt ist immer ein spannendes Thema. Doch ich wollte Sie eigentlich etwas ganz anderes fragen …"

  Ein cleveres Ablenkungsmanöver ist immer noch die eleganteste Variante, einer unangenehmen Frage auszuweichen. Ein feinfühliger Gesprächspartner wird die Botschaft verstehen und von sich aus das Thema wechseln. Wenn Ihr Partner jedoch nicht locker lässt, können Sie immer noch eine der anderen Taktiken ausprobieren.

Wahren Sie das Gesicht Ihres Gegenübers

In vielen asiatischen Ländern gilt es als eine der schlimmsten kommunikativen Sünden, den Gesprächspartner das Gesicht verlieren zu lassen. Bei uns in Deutschland wird das etwas lockerer gesehen, allerdings kann ich Ihnen nur empfehlen, sich an dieser Stelle eine dicke Scheibe asiatischer Lebensart abzuschneiden.

Was bedeutet Gesichtsverlust eigentlich?
Kurz gefasst ist dies eine Formel dafür, dass Sie Ihren Gesprächspartner öffentlich blamieren, bloßstellen oder in Verlegenheit bringen.

Situationen, in denen ein Gesprächspartner seinem Gegenüber einen Gesichtsverlust zufügt, gibt es viele:

Der Faulenzer

Vor einem Geschäftstermin stehen Sie mit Ihrem Kollegen, Herrn Maier, und einigen Kunden zusammen. Die Rede kommt auf das vergangene Wochenende. Alle erzählen von sportlichen Aktivitäten: Mountainbiken, Segeln, Wandern. Sie wissen, dass Herr Maier unsportlich ist und den Sonntag am liebsten im Liegestuhl auf dem Balkon verbringt. Da rutscht Ihnen heraus: „Na, Herr Maier, wieder gefaulenzt? Etwas Bewegung wäre doch auch mal ganz gut!" Unpassender geht es kaum. Vielleicht rettet sich Herr Maier mit einer witzigen Bemerkung, vielleicht bekommt er einen roten Kopf. So oder so wird Ihr gegenseitiges Verhältnis belastet sein. Auch für das folgende Meeting ist dieser Einstieg alles andere als günstig.

Die Vollschlanke

Sie stehen mit ein paar Freunden und Bekannten um Ihren Gartengrill. Alle sind schlank, nur die Nachbarin, Frau Schrödter, ist eher als rundlich, aber gesund einzustufen. Sie lenken das Gespräch auf Übergewicht und merken an: „Dicke sind meiner Ansicht nach total undiszipliniert und lassen sich ständig hängen."

Alle Blicke richten sich betreten zu Frau Schrödter. Diese verlässt unter einer hastig hingemurmelten Entschuldigung die Grillrunde. Peinlich.

Sie haben Frau Schrödter bloßgestellt – und alle haben es mitbekommen. Die Stimmung ist unter Umständen am Boden. Auch Ihr Verhältnis zu Ihrer Nachbarin hat einen Schaden erlitten.

Auch wenn der Verursacher den Schaden meist nicht wahrnimmt oder nur gering einschätzt, können die Folgen eines Gesichtsverlustes dennoch gravierend sein. Derjenige, der das Gesicht verloren hat, wird die Angelegenheit so schnell nicht vergessen, und Sie können auf diesen Kontakt vielleicht nicht mehr weiter aufbauen.

Vorsicht Gesichtsverlust

Verhalten Sie sich taktvoll, meiden Sie beim Smalltalk kritische Themen und werden Sie sensibel dafür, was Ihr Gegenüber verträgt und was nicht.

Wenn Sie doch einmal ins Fettnäpfchen getreten sein sollten, dann entschuldigen Sie sich am besten aufrichtig unter vier Augen bei dem Betroffenen.

Smalltalk mit dem Chef

Smalltalk mit dem eigenen Chef ist ein heikles Thema. Nicht jeder pflegt einen lockeren Umgang mit seinem Vorgesetzten, oft besteht sogar ein autoritäres oder gar angstbesetztes Verhältnis, weil der Mitarbeiter von dessen Bewertung oder Wohlwollen abhängig ist.

In Kürze steht Ihnen aber eine gemeinsame Dienstreise bevor – Sie sitzen mit Ihrem Vorgesetzten eine Stunde im Flieger und müssen sich mit ihm unterhalten. Was tun? Zunächst einmal möchte ich diese Situation kurz analysieren. Als belastend empfinden Sie bestimmt die folgenden Punkte:

▸ Sie haben Angst davor, sich zu blamieren oder einen negativen Eindruck zu hinterlassen. Gleichzeitig wissen Sie nicht, worüber Sie überhaupt sprechen könnten.

▸ Schweigen geht auch nicht, das wäre noch viel peinlicher.

▸ Ihren Chef schätzen Sie als Menschen ein, mit dem man nicht ohne Weiteres smalltalken kann. Dafür empfinden Sie den Abstand zwischen Ihnen als viel zu groß.

Die Situation hat jedoch auch Vorteile.

▸ Sie bekommen die Gelegenheit, Ihren Chef persönlich besser kennen zu lernen und auch sich selbst von Ihrer privaten Seite zu zeigen.

▸ Endlich haben Sie Zeit, in Ruhe mit Ihrem Chef ein paar dienstliche Dinge und Ideen zu besprechen.

▸ Sie können Ihre volle Smalltalk-Kompetenz ausspielen.

! Bedenken Sie, dass die Situation für Ihren Chef möglicherweise ebenso schwierig ist wie für Sie.

Ich empfehle Ihnen, eine solche Gelegenheit zu nutzen. Überlegen Sie im Vorfeld, welche Ziele Sie erreichen möchten und bereiten Sie sich darauf vor. Den Smalltalk selbst können Sie sich mit folgenden Regeln und Hinweise erleichtern:

▸ Überlassen Sie Ihrem Chef zu Beginn Ihrer Unterhaltung die Führung und Themenwahl. Starten Sie das Gespräch nur dann aus eigenem Antrieb, wenn die Gegenseite keinerlei Initiative zeigt.

▸ Antworten Sie geradlinig und eher kurz auf seine Fragen. Versuchen Sie herauszufinden, was genau Ihr Chef beabsichtigt. Wenn er etwas über Ihr privates Leben herausfinden möchte, nutzen Sie die Chance, sich zu präsentieren. Schildern Sie Hobbys, Urlaubsinteressen oder Ähnliches. Versuchen Sie Gemeinsamkeiten zu finden. Vielleicht teilt Ihr Chef ja eine Passion mit Ihnen.

▸ Zeigen Sie sich standhaft und als Mensch mit eigener Meinung. Verteidigen Sie Ihre Standpunkte mit objektiven Argumenten und geben Sie nicht sofort klein bei. Beharren Sie jedoch auch nicht auf unhaltbaren Ansichten, geben Sie nach, wenn es Ihnen sinnvoll erscheint.

▸ Betrachten Sie den Smalltalk als „politisches" Gespräch. Sagen Sie nichts, was Ihnen später leidtun oder als Nachteil ausgelegt werden könnte. Bleiben Sie im Zweifel unverbindlich.

▸ Entwickelt sich das Gespräch nur noch schleppend, beenden Sie es taktvoll, zum Beispiel indem Sie auf eine
dringende Arbeit verweisen: „Ich müsste noch einmal
die Unterlagen für den Kunden durcharbeiten."

Die Business-Lounge

*Ein Kunde erzählte mir den folgenden Vorfall: Am Anfang
seiner Karriere in einem multinationalen Konzern befand er
sich mit einem hohen Manager, der mehrere Hierarchie-
ebenen über ihm angesiedelt war, auf einer Dienstreise.
Auf dem Rückweg lud der „Big Boss" meinen Kunden jovial
in die Vielflieger-Business-Lounge ein. In dicken Ledersses-
seln und beim Nippen an einem alten Whiskey entwickelte
sich das Gespräch schnell auf eine vertrauliche Ebene. Der
Chef wollte ein paar Informationen über das Abteilungskli-
ma. Sie sprachen über den direkten Vorgesetzten meines
Kunden. Schließlich plauderte der „Big Boss" irgendwann
aus dem Nähkästchen und gab meinem Kunden ein paar
wohl meinende Ratschläge für dessen Karriere. Der Rück-
flug verlief sehr entspannt, beide trennten sich im besten
Einvernehmen.*

*Am Folgetag musste mein Kunde wegen eines internen
Problems genau zu dieser Person ins Büro – zum „Big
Boss". Freudig und im Geist des gestrigen Abends begann
er das Gespräch mit den Worten: „Danke, dass Sie mich
gerufen haben. Gerne mache ich Ihnen einen Gegenvor-
schlag zu Ihrer Idee und möchte ...". Hier wurde er abrupt
unterbrochen: „Habe ich Sie um Ihre Meinung gefragt? Sie
hören mir jetzt gefälligst zu und machen, was ich Ihnen
sage!" Mein Kunde hatte verstanden. Das Hierarchie-
verhältnis zwischen den beiden war wieder hergestellt.*

Auf den Punkt gebracht

▸ Belehren Sie andere Menschen nicht. Damit machen Sie sich schnell unbeliebt.

▸ Ratschläge sollten Sie nur erteilen, wenn Sie ausdrücklich danach gefragt werden.

▸ Spielen Sie nicht den Alleinunterhalter. Beziehen Sie andere Menschen ins Gespräch mit ein, geben Sie den „Ball" auch einmal ab.

▸ Vermeiden Sie „Pingpong-Unterhaltungen", bei denen Sie nicht zuhören, sondern stets mit einer eigenen Bemerkung auf das Gesagte Ihres Gegenübers reagieren. Solche Gespräche sind für beide Seiten unbefriedigend.

▸ Blieben Sie zurückhaltend mit intimen Details. Halten Sie sich beim Smalltalk mit unbekannten Gesprächspartnern lieber an allgemeine Themen. Vermeiden Sie Privates.

▸ Lernen Sie Nein zu sagen, besonders bei Themen, die Ihnen unangenehm sind oder die Sie für sich behalten möchten.

▸ Wahren Sie das Gesicht Ihres Gegenübers. Bringen Sie Ihren Gesprächspartner nicht in peinliche Situationen, besonders nicht in Anwesenheit weiterer Personen.

▸ Achten Sie besonders darauf, was Sie sagen, wenn Sie mit Ihrem Vorgesetzten smalltalken. Sind Sie hierbei vor allem zurückhaltend mit vertraulichen oder intimen Details.

Smalltalk taktvoll beenden

Irgendwann nähert sich jedes Gespräch seinem Ende. Manchmal geht die Initiative dazu auch lediglich von Ihnen aus – während Ihr Gesprächspartner sich gern noch weiter mit Ihnen unterhalten würde. Wie reagieren Sie in einer solchen Situation? Wie sagen Sie stilvoll: „Schluss – aus – danke"?

Die Angst vor dem Gesprächsende

Häufig schrecken wir davor zurück, ein Gespräch zu beenden – obwohl wir es eigentlich wollen. Dieses Verhalten liegt in der Angst begründet, den anderen zu verletzen. Bei dieser Vorstellung fühlen wir uns sofort unwohl – schließlich könnte eine mögliche Kränkung ja auf uns zurückfallen. „Womöglich gewinnt der andere einen schlechten Eindruck von mir", flüstert Ihnen Ihr Unterbewusstsein ein. Vor dieser Art von Geringschätzung haben wir meist eine so große Angst, dass wir unser langweiliges Gespräch lieber noch eine Weile fortsetzen.

Denken Sie an eine ähnliche Situation in Ihrer Vergangenheit. Wie geht es Ihnen dabei? Wie oft haben Sie sich schon mit einer Person beschäftigt, obwohl Sie es innerlich überhaupt nicht wollten? Wie gehen Sie mit diesem Gefühl um?

Ich rate Ihnen, in solchen Momenten etwas mehr Egoismus an den Tag zu legen. Es ist Ihre Zeit, die sie mit anderen Menschen verbringen, und niemand zwingt Sie dazu, genau mit dieser Person zu sprechen. Im beruflichen Rahmen müssen Sie ohnehin ökonomisch mit Ihrer (Arbeits-) Zeit haushalten. Wenn Sie auf einem Event neue Kunden kennen lernen möchten, sollten Sie mit so vielen Menschen wie möglich sprechen. Also verbringen Sie keine unnötige Zeit mit uninteressanten Personen.

Aber auch im Privaten geht es um Sie selbst. Sie möchten sich amüsieren. Wenn Sie dabei an den Langweiler des Abends geraten, bringt Ihnen das keinen Mehrwert. Wechseln Sie also auch hier schnell den Gesprächspartner, wenn sich schon bei den ersten Smalltalk-Bemühungen gähnende Eintönigkeit in Ihnen breitmacht.

Und das schlechte Gefühl? Hinterfragen Sie es einfach! Was genau hindert Sie daran, den anderen gleich wieder zu verabschieden? Bei der oben geschilderten Gedankenkette kommen Sie wahrscheinlich zu dem Schluss, dass Sie unbewusst Angst davor haben, der andere könnte Ihnen nach einer Absage seine Zuneigung entziehen. Vor diesem Liebesentzug fürchten Sie sich, weil es zum Beispiel ein angstbesetztes Thema aus Ihrer frühen Jugend ist. Machen Sie sich daher klar, dass die Zu- oder Abneigung Ihres Gesprächspartners im Moment bedeutungslos für Sie ist. Sie haben ja noch ein anderes Kontaktnetzwerk – Freunde, Familie, Kollegen, vielleicht einen Lebenspartner – das Ihnen ausreichend Anerkennung entgegenbringt.

> Sie mögen diesen Punkt für übertrieben halten. Meine Erfahrung ist hier jedoch eine ganz andere: Menschen tun oft merkwürdige Dinge aus der bloßen Angst heraus, die Anerkennung ihrer Umgebung zu verlieren. Nur sind sie sich dessen oft nicht bewusst.

Sich stilvoll verabschieden

Natürlich lassen Sie Ihren Gesprächspartner nicht einfach stehen, sondern bauen ihm und sich eine Brücke und geben ihm vor allem die Möglichkeit, sein Gesicht zu wahren. Für die richtige Verabschiedung gibt es verschiedene Varianten:

▸ Sie verabschieden sich direkt, aber höflich. „Herr Müller, es war ein sehr interessantes Gespräch mit Ihnen. Besonders Ihre Erklärung zur Funktionsweise von Wetterballons hat mich beeindruckt. Ich werde mich jetzt hier noch etwas umsehen und wünsche Ihnen einen schönen Abend." Nach einem solchen Ausstieg wird sich Herr Müller freuen, mit Ihnen gesprochen zu haben.

▸ Sie verwenden einen direkten Vorwand: „Herr Müller, wir unterhalten uns ja gerade sehr spannend. Aber ich muss mich jetzt leider aus unserer Konversation ausklinken, weil ich zu einem Gespräch dort hinten verabredet bin. Ich wünsche Ihnen heute noch viel Erfolg." Auch hier sprechen Sie deutlich an, was Sache ist – ohne dass Ihr Abgang bei Herrn Müller einen schalen Beigeschmack hinterlässt.

▸ Sie verwenden einen indirekten Vorwand. „Herr Müller, es tut mir leid, dass ich das Gespräch unterbreche. Aber ich müsste mal ganz dringend um die Ecke. Das verstehen Sie doch sicher?" Selbstredend werden Sie nach dem Gang zur Toilette einen anderen Teil des Raumes ansteuern und dort neue Menschen ansprechen. Diese Methode halte ich auch für legitim, manche Gesprächspartner wird man eben nur auf diese Weise los.

Wenn Sie sich verabschiedet haben, dann vergessen Sie
Herrn Müller ganz schnell und konzentrieren Sie sich auf
neue Partner. So wird Sie auch Ihr Gewissen nicht lange
plagen.

! Meiner Erfahrung nach passiert es nur höchst selten,
dass man nach der Verabschiedung noch einmal von
demselben Gesprächspartner kontaktiert wird. Aus
diesem Grund empfehle ich Ihnen auch, die Unterhaltung direkt oder mit einem direkten Vorwand zu beenden, weil Sie damit gleichzeitig deutlich signalisieren, dass das Gespräch mit Ihrem Gegenüber für
Sie auch tatsächlich vorbei ist.

Unerwünschte Gespräche abwehren

Gerade auf Netzwerktreffen für Freiberufler oder Kleinge-
werbetreibende trifft man häufig auf Menschen, die einem
mehr oder weniger direkt ein Produkt oder eine Geschäfts-
idee verkaufen möchten. Ich selbst habe mir daher ange-
wöhnt, sehr schnell und ohne Umschweife zu sagen, dass
ich an dem entsprechenden Produkt nicht interessiert bin –
sobald ich erkenne, dass die Unterhaltung als für mich
wertloses Verkaufsgespräch aufgebaut ist.

Eine entsprechende Formulierung könnte lauten: „Tut mir
leid, ich bin nicht an Ihrem Produkt interessiert. Ich glaube
nicht, dass ein Gespräch zwischen uns zu einem Ergebnis
führt. Ich schlage vor, wir sprechen nicht weiter darüber."
Auch wenn mir diese Offenheit oft überraschte Blicke ein-
bringt, führe ich seither viel weniger frustrierende Unter-

haltungen und lerne deutlich mehr interessante Menschen kennen. Außerdem denke ich, dass ein guter und geschickter Verkäufer andere Wege finden wird, mich anzusprechen und für seine Idee zu begeistern.

Auf den Punkt gebracht

▸ Häufig haben wir Hemmungen, ein Gespräch zu beenden – auch wenn es für uns langweilig geworden ist.

▸ Überwinden Sie diese Hemmungen und beenden Sie ein Gespräch, wenn es für Sie sinnvoll erscheint.

▸ Zum Beenden eignet sich oft der direkte Weg, also eine höfliche Verabschiedung, verbunden mit einem Dank für das interessante Gespräch.

▸ Manchmal bietet sich aber auch nur ein Vorwand an, um ein Gespräch taktvoll zu beenden.

Ihre Trainingsstrategie

Was können Sie tun, um sich persönlich zu verbessern? Legen Sie ein eigenes Trainingsprogramm auf! Denn das menschliche Verhalten ist trainierbar und veränderbar. Wenn Sie also an sich eine störende Eigenschaft wahrnehmen oder etwas verbessern möchten, dann gehen Sie Ihr Ziel aktiv an.

Vor dem Smalltalk

Mit den folgenden Punkten bereiten Sie sich auf wichtige Smalltalk-Anlässe vor:

Checkliste: Vorbereitung auf den Smalltalk	
Ist Ihre Kleidung dem Anlass angemessen?	✓
Sehen Ihre Frisur und Ihr Outfit gepflegt aus?	✓
Wissen Sie, worum es bei der Veranstaltung geht, wer der Gastgeber ist und wen Sie ansprechen möchten?	✓
Haben Sie Ihre eigenen Inhalte vorbereitet? Was möchten Sie erreichen, welche Informationen möchten Sie transportieren, was wollen Sie erfahren?	✓
Verfügen Sie über Smalltalk-Themen? Haben Sie in den vergangenen Tagen aktuelle Zeitungen und Zeitschriften gelesen oder im Internet recherchiert?	✓
Stimmt Ihr Auftritt? Gehen Sie aufrecht? Sind Sie energiegeladen und selbstbewusst? Fühlen Sie sich sicher im Umgang mit unbekannten Menschen?	✓
Stimmt Ihre Technik zur Gesprächsführung, wie Blick, Fragetechniken, Zuhörkompetenz etc.?	✓

Den inneren Beobachter etablieren

Beobachten Sie sich und werden Sie sensibel für Ihr eigenes Verhalten. Dies können Sie erreichen, indem Sie einen Teil Ihrer Aufmerksamkeit im Gespräch in der so genannten Adler-Position halten.

Die Adler-Position

Stellen Sie sich vor, Sie wären ein Adler, der über dem Geschehen schwebt. Sie sehen sich, weit unten, und auch Ihren Gesprächspartner. Betrachten Sie die beiden. Was fällt Ihnen auf? Wie verhält sich die Person, die Sie selbst darstellen, wenn Sie sie von außen betrachten? Gefällt Ihnen, was Sie sehen? Oder möchten Sie dieses Verhalten lieber ändern? Wenn ja, wie?

Gehen Sie nach einer Veranstaltung, auf der Sie viele Smalltalks geführt haben, noch einmal alle Unterhaltungen im Geiste durch und fragen Sie sich, wie die Gespräche verlaufen sind. Stellen Sie sich dabei die folgenden Fragen:

▸ Wie haben Sie sich im Gespräch gefühlt oder gesehen?

▸ Welchen Gesamteindruck hatten Sie von Ihrem Gesprächspartner?

▸ Wie hat Ihr Gesprächspartner auf Sie reagiert?

▸ Welche nützlichen Informationen haben Sie erhalten?

▸ Welche Informationen und Botschaften konnten Sie beim Gegenüber platzieren?

▸ Welche konkrete Vereinbarung haben Sie mit dem Gesprächspartner getroffen?

Wenn es für Sie hilfreich ist oder Sie Ihr Lernprogramm intensiv betreiben möchten, können Sie sich diese Fragen auch schriftlich beantworten.

Bitten Sie andere um Feedback

Manche Informationen über Ihre eigene Person können Sie nur von außen erhalten. Vielleicht haben Sie einen guten Freund oder eine Freundin, die Sie gelegentlich einmal zu Ihrem Eindruck befragen können. So erfahren Sie am zuverlässigsten, wie Sie auf Außenstehende wirken und wo Sie noch Optimierungsbedarf in Ihrem Auftreten haben.

Vorsicht: Treffen Sie die Auswahl derjenigen Personen, die Sie um Feedback bitten, ausgesprochen sorgfältig. Neider und Konkurrenten, die Sie mit ihren Rückmeldungen in die Irre führen wollen, gibt es schließlich genug!

Feedback

Unter Feedback versteht man einen Prozess, bei dem Menschen anderen Menschen eine Rückmeldung über deren Verhalten geben. Ziel des Feedbacks ist es, der betreffenden Person zu schildern, wie sie von außen wirkt, da man selbst bestimmte Aspekte seines Verhalten nicht wahrnimmt. Feedback gibt anderen die Möglichkeit, ihr Verhalten zu verändern oder zu verbessern. Beispiele finden sich vor allem im Berufsleben. Dazu zählen unter anderem Mitarbeitergespräche, in denen der Angestellte eine Bewertung seiner Leistung erhält, meist durch einen direkten Vorgesetzten.

Im Kollegenkreis sollten Sie natürlich vorsichtig sein, aber auch hier gibt es sicherlich Menschen, die Sie befragen können. Sobald Ihre Smalltalk-Fähigkeit beruflich für Sie wichtig wird, weil Sie zum Beispiel häufig im Kundenkontakt stehen, kann es für Sie sogar erfolgsentscheidend sein, dass Sie Ihre Wirkung auf Ihre Mitmenschen objektiv einschätzen können.

Eine weitere Möglichkeit sind Kommunikationsseminare, auf denen Sie eine Fremdeinschätzung vom Trainer oder von den anderen Teilnehmern erhalten. Der Vorteil solcher Seminare liegt darin,

▸ dass eine Rückmeldung an Sie unter professionellen Gesichtspunkten erfolgt und

▸ dass Sie die Menschen im Seminar oft nicht wiedersehen und es diesen daher leichter fällt, Ihnen Feedback zu geben – aber auch Feedback zu empfangen.

In meinen Seminaren ist Feedback Standard.

Akzeptieren Sie Rückmeldungen anderer

Es ist nicht immer leicht, Feedback von anderen Personen zu akzeptieren. So ist es häufig sogar ziemlich schmerzlich, Kritik zu empfangen. Selbst wenn sich Ihr Feedback-Geber dabei äußerst moderat ausdrückt und nur andeutet: „Manchmal bist du im Gespräch etwas weitschweifig und solltest vielleicht schneller auf den Punkt kommen", hören Sie aus diesen Worten vielleicht heraus: „Du bist ein Langweiler und daher oftmals ein völlig uninteressanter Gesprächspartner. Eigentlich möchte niemand wirklich mit dir reden."

Dieser Gedanke, und nicht das wirkliche Feedback Ihres Freundes oder Ihrer Freundin, setzt Sie so richtig unter Stress. Vielleicht geraten Sie sogar in Panik, weil Sie sich schon als gesellschaftlichen Außenseiter sehen.

Damit dies nicht passiert, gebe ich Ihnen die folgenden Ratschläge für den Umgang mit Feedback mit auf den Weg:

▸ Hören Sie genau hin, was der andere meint oder meinen könnte.

▸ Fragen Sie nach, wenn Sie etwas nicht verstanden haben.

▸ Lassen Sie sich die genaue Situation beschreiben, auf die sich Ihr Partner bezieht.

▸ Vermeiden Sie es, sich zu rechtfertigen.

▸ Erkundigen Sie sich bei Ihrem Gegenüber, was Sie besser machen können.

▸ Hören Sie sich hinein, ob die Beobachtung einer anderen Person mit Ihrer eigenen Wahrnehmung übereinstimmt.

▸ Akzeptieren Sie das Feedback, wenn Sie es nachvollziehen können.

▸ Überlegen und planen Sie, welchen Teil Ihres Verhaltens Sie auf welche Art und Weise ändern möchten.

▸ Empfinden Sie Feedback nicht als Kritik, sondern als Bereicherung. Jetzt wissen Sie nämlich mehr über sich als noch vor wenigen Minuten – und können die Ratschläge für den zukünftigen Kontakt mit anderen Menschen beherzigen.

Ändern Sie Ihr Verhalten

Sein Verhalten zu ändern – das sagt sich so leicht, werden Sie jetzt denken. Doch ist das überhaupt möglich? Und wenn ja, wie?

Keine Sorge: Sie können jeden Aspekt Ihres Auftretens ändern, wenn Sie die folgenden Schritte beachten:

▸ Sie müssen Ihr „störendes" Verhalten (er-)kennen und innerlich akzeptieren. Wie das geht, habe ich im vorherigen Abschnitt beschrieben. Das heißt konkret: Nachdem Sie Feedback erhalten haben, wissen Sie vielleicht, dass Sie zu viel reden oder dass Sie anderen zu wenige Fragen stellen.

▸ Sie sollten eine Vorstellung von Ihrem gewünschten Verhalten besitzen.

▸ Setzen Sie Ihr neues Verhalten um: Suchen Sie eine passende Gelegenheit und starten Sie. Auch wenn es beim ersten Mal noch nicht richtig klappt, werden Sie schon bald eine Veränderung bemerken. Sie stellen zum Beispiel mehr Fragen oder haben es geschafft, zweimal hintereinander fremde Menschen anzusprechen.

Aus diesen ersten Versuchen schöpfen Sie Selbstvertrauen. Sie werden von Mal zu Mal besser. Ihr Gehirn programmiert das neue Verhalten ein und kann es bei jedem weiteren Versuch leichter abrufen und umsetzten.

Wenn Ihrem Verhalten eine echte Blockade zu Grunde liegt, sollten Sie diese aufdecken und beseitigen. Dies wäre zum Beispiele der Fall, wenn Sie Schweißausbrüche allein bei dem Gedanken bekommen, auf eine Netzwerkparty zu gehen. Arbeiten Sie in einem solchen Fall mit einem Coach oder Verhaltenstrainer zusammen. Meiner Erfahrung nach bekommen Sie jedoch die meisten typischen Fehler beim Smalltalk leicht selbst in den Griff.

Auf den Punkt gebracht

▸ Entwickeln Sie ein Programm, um sich zu verbessern.

▸ Etablieren Sie einen inneren Beobachter. Sehen Sie sich aus der Adler-Perspektive, bewerten Sie Ihr Verhalten von außen.

▸ Bitten Sie Personen in Ihrem Umfeld um Feedback.

▸ Akzeptieren Sie die Rückmeldungen, denn nur so können Sie sich verbessern.

▸ Ändern Sie Ihr Verhalten kontinuierlich.

Nützliche Webtipps

Die folgende Linksammlung unterstützt Sie dabei, Wissen für Ihre Smalltalk-Gespräche zu erwerben:

http://www.small-talk-themen.de

Dieser kostenlose E-Mail-Newsletter ist ein Service von small-talk-themen.de. Hier finden Sie jeden Tag ein aktuelles Thema, welches Sie für Ihren individuellen Smalltalk verwenden können. Es sind witzige und ungewöhnliche Themen, wie zum Beispiel die Frage, wer den Kugelschreiber erfand. Die einzelnen Smalltalk-Ideen eignen sich in der Regel sowohl für die Unternehmenskantine als auch für das private Grillfest.

Der Newsletter wird von Montag bis Freitag (außer an Feiertagen) um 11 Uhr versendet. Selbstverständlich können Sie den Service jederzeit wieder abbestellen.

http://www.chefkoch.de

Willkommen bei chefkoch.de: Rezepte tauschen, sammeln und veröffentlichen, neue Freunde finden und treffen. Hier finden Sie viele gute und originelle Smalltalk-Ideen rund um die niveauvolle Küche, aber auch zu den Themen Fitness, Brauchtum oder Warenkunde.

Im Chefkochforum können Sie sich selbst aktiv einbringen und auf diese Weise bereits den schriftlichen Smalltalk üben.

http://www.wissen.de

Auf www.wissen.de erfahren Sie alles rund um aktuelle
Themen zu Gesundheit, Geschichte, Natur, Unterhaltung,
Kinder und Bildung. Die Seite vermittelt Ihnen einen vielsei-
tigen Wissensfundus, aus dem Sie unendlich viele, niveauvolle Smalltalk-Themen schöpfen können.

http://www.caroline-kruell.de/newsletter

Hier können Sie einen monatlichen Newsletter abonnieren,
der Sie mit aktuellen Tipps rund um das Thema Persönlich-
keitsentwicklung versorgt. Damit trainieren Sie Ihre kom-
munikative Kompetenz.

http://www.frag-mutti.de

Mutti weiß alles und hat Hunderte von Tipps auf ihrer
Website zusammengestellt. Wenn Sie hier ein bisschen
schmökern, können Sie jede Tischgesellschaft mühelos und
amüsant einen ganzen Abend lang unterhalten. Kochen,
Saubermachen oder Spartipps sind nur einige der mögli-
chen Smalltalk-Themen.

http://www.welt-blick.de

Diese Website bietet alles an Zahlen, Daten und Fakten
über die Welt. Welches sind die höchsten Gipfel, die tiefsten Seen oder die größten Länder? Die Website eignet sich
ideal für Ihre Themensammlung und für die Erweiterung
Ihrer Allgemeinbildung. Damit können Sie überall mitreden.